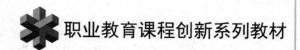
职业教育课程创新系列教材

Web前端设计与开发
——HTML+CSS基础教程

龚爱民　于　洁　主编

U0259038

电子工业出版社

Publishing House of Electronics Industry

北京·BEIJING

内 容 简 介

本书是 Web 前端开发的入门教材，参考了《Web 前端开发职业技能等级标准》初级和中级的知识与技能要求，围绕当今 Web 前端开发最新的技术标准，结合 Web 前端开发的岗位需求，由浅入深、循序渐进，比较全面地介绍了 HTML 和 CSS 的基础知识、基本技能，以及利用这些技术完成实际项目开发的思想和过程。

本书内容通俗易懂、讲究实用，可作为大中专院校计算机相关专业的专业课教材，也可以供 Web 前端开发初学者自学使用。

图书在版编目（CIP）数据

Web 前端设计与开发：HTML+CSS 基础教程 / 龚爱民，于洁主编. —北京：电子工业出版社，2022.6

ISBN 978-7-121-38932-0

Ⅰ．①W… Ⅱ．①龚… ②于… Ⅲ．①超文本标记语言—程序设计—教材 ②网页制作工具—教材 Ⅳ.①TP312.8 ②TP393.092

中国版本图书馆 CIP 数据核字（2020）第 053459 号

责任编辑：关雅莉　　　　　文字编辑：张志鹏
印　　刷：三河市良远印务有限公司
装　　订：三河市良远印务有限公司
出版发行：电子工业出版社
　　　　　北京市海淀区万寿路 173 信箱　邮编　100036
开　　本：880×1 230　1/16　印张：15.5　字数：357.12 千字
版　　次：2022 年 6 月第 1 版
印　　次：2024 年 8 月第 5 次印刷
定　　价：45.00 元

凡所购买电子工业出版社图书有缺损问题，请向购买书店调换。若书店售缺，请与本社发行部联系，联系及邮购电话：（010）88254888，88258888。

质量投诉请发邮件至 zlts@phei.com.cn，盗版侵权举报请发邮件至 dbqq@phei.com.cn。

本书咨询联系方式：（010）88254576，zhangzhp@phei.com.cn。

前言

随着互联网技术日新月异地发展，网络已经无处不在，Web 前端开发技术已融入社会的各行各业。本书重点讲述 Web 前端开发的两大支柱：HTML 和 CSS。其中，HTML 负责构建网页的架构，CSS 负责网页元素的美化，这两种技术是每位从事 Web 前端开发人员必须掌握的技能。

本书针对职业院校计算机类专业基础课，综合了作者多年的课堂教学经验与学生的素养要求编写而成。在内容的编排上符合学生的学习能力和岗位需求，做到基础理论适当，突出技能培养，引导学生自主学习和探究，尤其突出能力的培养，能够对学生今后的升学或就业带来较大的帮助。

第一部分由 4 个章节构成，主要介绍了网页的基本结构；网页中的基本元素，包括文本、段落、特殊字符、列表以及图像等元素；视频、音频和多媒体技术在网页中的运用；网页中超链接的相关知识，包括基本超链接、锚点、电子邮件、文件链接的构建方式和具体应用。

第二部分由 6 个章节构成，主要介绍了当前主流的 CSS 技术、盒模型的概念和应用、常见的布局模型和布局方法、运用 CSS 技术对页面排版，以及表格和表单在网页中的应用及样式定义。

第三部分是综合实例，由 1 个章节构成，主要通过个人博客网站的开发过程，介绍了 Web 前端开发的整个流程，指导读者将所学的技术应用到实际工作中，帮助读者全面巩固并理解所学的知识，提高实际的运用能力。

本书特色

本书依照最新的 Web 前端岗位需求，结合多年的课堂教学经验，将专业技术学习和岗位技能培养有机融合，在阐述理论知识的同时结合实际的案例，使读者能融会贯通及时消化所学知识，掌握必备技能。

代码说明

本书配有完整可运行的源代码，可登录华信教育资源网免费注册后下载。同时，示例代码中较多地使用了内联样式，在实际网页开发中应予以使用这类样式。

众所周知，注释在 Web 前端开发中是必不可少的。为了有利于读者研读代码，书中加了重点代码注释。为了便于记忆，读者可自行在理解的基础上加以标注。

本书编者

本书的编者都是一线教师，长期从事 Web 前端技术研究和项目开发工作，在网站、软件研发等领域积累了丰富的经验。本书由龚爱民、于洁主编，并负责全书内容的规划和统稿。于洁、陈天翔、苏洲老师参与了本书第 3 章、第 4 章、第 5 章部分内容的编写工作，感谢张俊柏为书中案例的整理提供了帮助。

本书内容通俗易懂，追求实用，可作为职业院校计算机相关专业的专业课教材，也可以供 Web 前端开发初学者自学使用。

由于编者水平有限，书中难免存在不足之处，恳请广大师生批评指正。编者联系方式：goldeagle_1995@163.com。

目 录

第 1 章

HTML 快速入门

HTML 是构建网页的基本技术，网页中的元素是由 HTML 标签构成的，每种标签对应一种元素，这些元素包括段落、图像、视频等，众多的标签组合在一起构成了网页。

本章将介绍 HTML 快速入门，通过编写一个基础网页，帮助读者快速了解 HTML 的基本结构和编写方法，主要包括 HTML 文档结构、路径的概念、Chrome 开发者工具的使用方法、网站文件的组织方法，以及网页发布的相关知识。

1.1 ●●● 简单的 HTML

网页是一个纯文本文件，文件扩展名为.html 或.htm，通常称为 HTML 文档，如 "index.html" 或 "index.htm"。

纯文本文件是指仅包含文本、不包含文本格式，使用任何文本编辑器均能编写的文档。这些文本编辑器包括 EditPlus、Sublime、Visual Studio Code 等。对于 HTML 文档的编写，本书推荐使用 Notepad++。

1.1.1 第一个网页

实例 1-1 展示了 HTML 文档的基本结构，代码的显示效果如图 1-1-1 所示。

一、编写 HTML

【实例 1-1】编写一个网页。打开记事本，输入如下代码，并保存为 "1-1.html"。

```
<!DOCTYPE html>
<html>
<head>
```

```
    <title>The first web page</title>
    <meta charset="UTF-8">
</head>
<body>
    <h3>Hello World</h3>
</body>
</html>
```

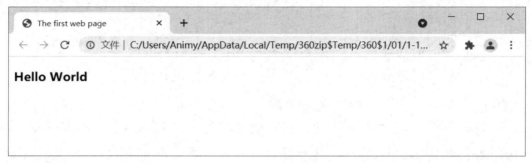

图 1-1-1　实例 1-1 代码的显示效果

代码说明：为了保证浏览器能正确地展示网页，HTML 中所有的标签、属性、符号等都必须在英文状态下输入。

二、显示网页

显示网页需要安装兼容 HTML5 的 Web 浏览器，推荐使用 Google Chrome 浏览器。本书所有代码在 Google Chrome 浏览器中都能正确预览。

1.1.2　标签与属性

文本、图片等网页元素均由 HTML 标签定义。因此，编写 HTML 文档与编辑 Word 文档有所不同。

一、标签

标签定义了网页元素，作用是向浏览器传达元素类型及内容，不会显示在浏览器窗口中。大部分的 HTML 标签由一个开始标签和一个结束标签组成。特别地，结束标签带有斜杠"/"。HTML 标签的代码如下。

```
<tag>……</tag>
```

代码说明：tag 标签描述了 HTML 元素的类型，<tag>是开始标签，</tag>是结束标签。开始标签标志着网页中元素的开始，结束标签标志着该元素的结束。浏览器解析了这两个标签，进而展示了网页元素，代码如下。

```
<h3>Hello World</h3>
```

代码说明：<h3>标签定义了网页标题的开始，</h3>标签定义了网页标题的结束，在浏览器中显示"Hello World"。

二、属性

属性是指元素的特性或者细节，能给标签增添更多的特性，如文字的颜色、字体、字号等。

HTML 中对于属性的描述通常按照"属性="属性值""的语法进行编写，如实例 1-1 的部分代码如下。

```
<meta charset="UTF-8">
```

代码说明：<meta>是数据标签，charset 属性用于定义网页的字符编码，charset 属性的值是 UTF-8。

HTML 标签可以包含一个或多个属性，每个属性之间通过空格分隔。一个属性可以包含多个属性值，属性值之间运用","分隔，代码如下。

```
<meta name="keywords" content="school,study">
```

代码说明：<meta>标签包含两个属性：name 和 content。name 属性的值为 keywords，content 属性的值是 school 和 study。

上述内容对 HTML 标签、属性的基本概念和编写规则进行了简单的说明，随着本书内容的展开，将介绍更多常用的 HTML 标签和属性。

1.1.3　HTML 简介

HTML（HyperText Markup Language，超文本标记语言）在 1989 年由 Tim Berners-Lee 创立，并广泛地应用于 Web 前端设计。HTML 通过各种标签，在网页上显示了文字、图片、声音、动画等信息，通过浏览器打开 HTML 文件，解析 HTML 标签，实现了信息展示的功能。

HTML 初期是一个简短的文档，由标题、参数和列表元素组成。随着编程语言的发展，HTML 被不断地更新。

当前，最新版本是 HTML5，HTML5 引入了音频和视频播放功能，能够创建功能强大的 Web 应用程序。HTML5 极大地提升了 Web 应用程序在富媒体、富内容和富应用等方面的能力，被喻为改变移动互联网的推手。

1.2　HTML 文档结构

任何一门语言都有其语法特点，HTML 语法定义了如何描述网页元素。

在实例 1-1 中，除了粗体部分，其余代码均是构成一个网页必要的部分。很多网页开发工具可自动生成这些代码，但是读者需要了解这些标签的含义，并学会编写这些代码。

一个基本的 HTML 文档由 3 个部分组成：文档类型、头部标签、主体标签。

1.2.1　文档类型

<!DOCTYPE>标签的主要作用是声明 HTML 的版本，代码如下。

```
<!DOCTYPE html>
```

代码说明：根据<!DOCTYPE>标签后面的字符串 html，浏览器确认本文档是按照 HTML5 规范编写的，进而采用 HTML5 的方式解析、展示网页。

若文档中无 DOCTYPE 声明，浏览器则会按照默认的方式解析、展示网页，不同的浏览器将会展示不一样的网页样式。

1.2.2　头部标签

网页的头部是由<head>标签和</head>标签括起来的，一般用于定义网页的标题，导入样式表或 JavaScript 程序，设置网页关键字、网页字符编码等信息。

一、title 标签

每个网页都需要有一个标题（title），标题简短且唯一。使用<title>标签，可以定义网页的标题，代码如下。

```
<title>The first web page</title>
```

代码说明：定义网页标题为"The first web page"，它会显示在浏览器的标题栏或标签页上。

二、meta 标签

网页头部还可以放置<meta>标签。<meta>标签用于定义网页的基本信息，如字符编码、关键字、重定向等。

1．字符编码

网页中通常包含大量的文本信息，有英文、中文等编码类型，浏览器必须知道这些文本的编码方式，才能正确地显示。指定网页使用 UTF-8 格式的字符编码，代码如下。

```
<meta charset="UTF-8">
```

代码说明：浏览器读取上述代码后，将使用 UTF-8 格式的字符编码解析网页中的文本。常用的字符编码格式有 ASCII、UTF-8 等，推荐采用 UTF-8 编码。

2．关键字

为网页定义关键字，以便于搜狗、百度等搜索引擎收录，代码如下。

```
<meta name="keywords" content="school,study">
```

代码说明：定义关键字需要添加 name 属性和 content 属性。name 属性的值必须为 keywords。content 属性的值用来指定关键字，代码中的含义是指定 school、study 作为网页的关键字。

3．重定向

重定向也称为跳转，即从一个网址跳转到另一个网址。利用<meta>标签定义重定向，代码如下。

```
<meta http-equiv="refresh" content="5"; url="http://www.phei.com.cn">
```

代码说明：在网页中定义重定向，为<meta>标签添加了 3 个属性，分别为：http-equiv、content 和 url 属性，并指定了各属性的值。其中，http-equiv 属性的值为 refresh，意为刷新；content 属性的值为 5，意为等待 5 秒；url 属性的值为 http://www.phei.com.cn，意为要跳转的网址。代码的作用是使浏览器网页在显示 5 秒后跳转到新网址 http://www.phei.com.cn 中。

1.2.3　主体标签

主体标签通常用于设置网页的各个元素，如文本、图像、多媒体等。这些元素在主体标签<h1>和</h1>之间，代码如下。

```
<h1>Hello World</h1>
```

代码说明：在浏览器中显示"Hello World"，其中<h1>标签定义了标题格式。

由于最新的 HTML5 标准删除了<body>标签的属性，因此本书后续章节将不再介绍已被删除的标签或者属性。但为了让读者了解早期网页标签的属性，这里仍然介绍<body>标签的使用方法。为<body>标签添加属性，可以为网页指定统一的样式。

一、背景色

大多数浏览器默认的背景色是白色或者灰色，运用 bgcolor 属性可以为网页指定背景色，从而改变网页的外观，代码如下。

```
<body bgcolor="gray">
```

代码说明：指定了网页背景色为灰色。

二、文本颜色

text 属性用于定义文本颜色。将 text 属性应用到<body>标签，可以统一网页中所有文本的颜色，代码如下。

```
<body text="blue">
```

代码说明：将网页文本的颜色统一设置为蓝色。

三、背景图片

利用 background 属性将图像设置为网页背景图片，代码如下。

```
<body background="URL">
```

代码说明：URL 称为统一资源定位符（Uniform Resource Locator），它指向了互联网上的某个资源，既可以是一个网站，也可以是一个图像文件。资源既可以存储在本网站中，也可以存储在互联网上其他网站中。

【实例 1-2】为网页设置背景图片的示例，代码如下。

```
<!DOCTYPE html>
<html>
<head>
    <title>The first web page</title>
    <meta charset="UTF-8">
</head>
<body background="pic.jpg">
    <h3>Hello World</h3>
</body>
</html>
```

代码说明：上述粗体代码运用 background 属性设置了网页的背景图，background 属性的值为图像文件的路径（URL）。代码中的背景图像在文件名 pic.jpg 之前没有任何的路径说明，表示它位于网页文档 1-2.html 同一文件夹路径下。设置网页背景图的显示效果，如图 1-2-1 所示。

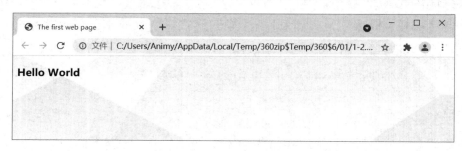

图 1-2-1　网页背景图的显示效果

图像指定路径也可以引用其他文件夹下的图像文件，下一节将介绍路径的概念。

1.3 ●●●路径的概念

路径精确地描述了获取资源的途径，可以是 Web 上的某个网站，也可以是当前网站中的一个文件。路径有相对路径和绝对路径两种表示方法。

1.3.1　绝对路径

绝对路径通常也称为 URL，它由资源类型、存放资源的主机域名和资源文件名三部分组成，通常以"http://"开始。绝对路径精准、可靠，但包含的字符较多。

若网站位置发生了改变，使用绝对路径不影响网站的正常访问。例如，将网站从本机移动到 Internet 上的 Web 服务器，网站中所有通过绝对路径引用的资源都可以正常访问，它们不依赖于当前网页所处的位置。

1.3.2　相对路径

相对路径用于描述目标资源与当前网页的位置关系。当网站包含多个网页之间的链接，或者网站引用多个站内资源时，采用相对路径来表示。例如，如果指定图像、CSS 或 JavaScript 文件作为网页的背景，就需要采用相对路径来表示。相对路径的表示方法如下。

- ./ ：代表文件所在的目录，可为空。
- ../ ：代表文件所在的上一级目录。
- ../../ ：代表文件所在的上两级目录。
- / ：代表文件所在的根目录。

指定图片路径，代码如下。

```
<body background="pic.jpg">
```

代码说明：这段代码表示指定图片路径"pic.jpg"前没有任何符号，表示图片文件与网页文件位于同一文件夹中。

指定图片路径，并添加文件名，代码如下。

```
<body background="images/pic.jpg">
```

代码说明：这段代码表示 pic.jpg 图片文件位于 images 文件夹中。网页文件为 index.html，images 文件夹和 index.html 是同一级，位置关系如图 1-3-1 所示。

指定图片路径，添加文件名，并调整文件位置，代码如下。

```
<body background="../images/pic.jpg">
```

代码说明：这段代码表示指定图像文件位于 images 文件夹中，指定网页文件位于 html 文件夹中，位置关系如图 1-3-2 所示。

图 1-3-1　位置关系 1

图 1-3-2　位置关系 2

工欲善其事，必先利其器。一款合适的编辑器，能够有效地提高编写代码的效率。本书推荐读者使用 Notepad++，Notepad++是 Windows 操作系统下的文本编辑器，非常适合初学者使用。

1.4.1　下载

Notepad++可以从官网免费下载。官网中列出了不同版本的 Notepad++，如图 1-4-1 所示。

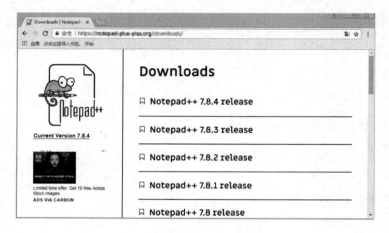

图 1-4-1　不同版本的 Notepad++

选择合适的版本，进入下载网页，应该根据本机 Windows 系统的版本（32-bit 或 64-bit）下载对应的安装包。Notepad++的下载窗口，如图 1-4-2 所示。

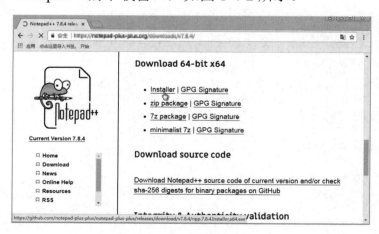

图 1-4-2　Notepad++的下载窗口

1.4.2 安装

软件下载完后，按照以下步骤完成软件的安装。

（1）双击下载的文件，进入安装程序。

（2）在"选择语言类型"窗口中选择合适的语言，单击"OK"按钮，如图 1-4-3 所示。

（3）在"许可证协议"窗口中，单击"我接受"按钮。

（4）选择安装路径。

（5）在"选择组件"窗口中，勾选"Create Shortcut on Desktop"（创建桌面图标）复选框后，单击"安装"按钮，如图 1-4-4 所示。

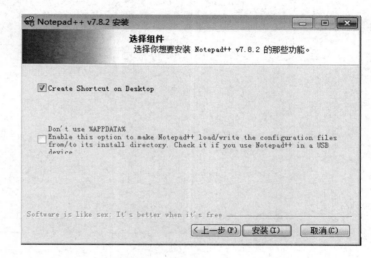

图 1-4-3 "选择语言类型"窗口   图 1-4-4 "选择组件"窗口

（6）单击"完成"按钮，完成 Notepad++的安装，如图 1-4-5 所示。

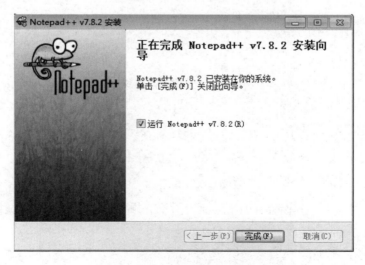

图 1-4-5 完成 Notepad++的安装

1.4.3 导入 Web 项目

为了便于网站的开发，Notepad++允许将外部项目导入工作区，为项目中的资源导入带来很大的便利。具体的导入方法如下。

（1）单击"文件"按钮，在弹出的菜单中选择"打开文件夹作为工作区"选项，打开"浏览文件夹"对话框。

（2）在"浏览文件夹"对话框中选择项目所在的文件夹，单击"确定"按钮，即可将项目导入工作区，如图 1-4-6 所示。

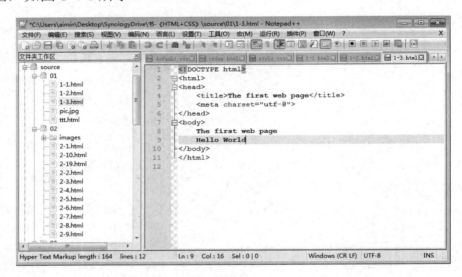

图 1-4-6　将项目导入工作区

（3）Notepad++可以同时编辑多个 HTML 文档，按【Ctrl+Tab】组合键可在不同的文档之间切换。

1.4.4 浏览网页

Notepad++可以快速预览当前编辑的 HTML 代码，具体方法如下。

（1）按【F5】快捷键，弹出"运行"对话框，如图 1-4-7 所示。

（2）单击"查找"按钮，查找 chrome.exe，如图 1-4-8 所示。

（3）单击"打开"按钮，返回"运行"对话框。

（4）在"运行"对话框中显示 chrome.exe 所在的路径，在路径最后输入"空格"，再输入""$(FULL_CURRENT_PATH)""，完整的代码如下。

```
"C:\Program Files(x86)\Google\Chrome\Application\chrome.exe"
"$(FULL_CURRENT_PATH)"
```

（5）单击"运行"按钮，即可在浏览器中显示网页。

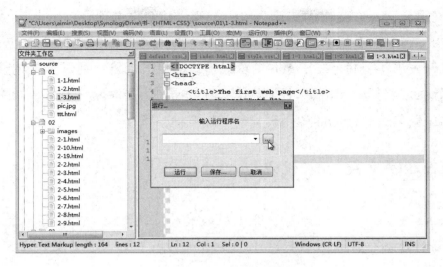

图 1-4-7　"运行"对话框

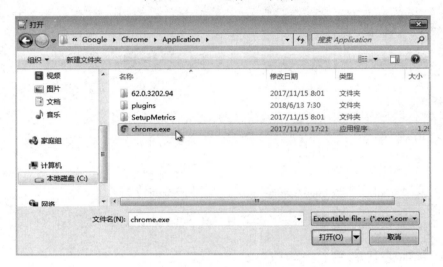

图 1-4-8　查找 chrome.exe

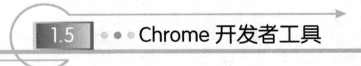

1.5　●●●Chrome 开发者工具

Chrome 开发者工具是内置于 Chrome 浏览器的 Web 开发和调试工具，在对网站进行迭代、调试和分析时使用非常有效。

1.5.1　打开 Chrome 开发者工具

通过如下方法可以打开 Chrome 开发者工具。

● 在 Chrome 浏览器中，单击"设置及其他"按钮，在弹出的菜单中选择"更多工具"→"开发者工具"选项。

● 右击网页元素，在弹出的快捷菜单中选择"检查"选项。

● 按【Ctrl+Shift+I】组合键。

Chrome 开发者工具位于 Chrome 浏览器窗口的下方，可以通过菜单调整它的位置。它提供了很多标签页，包括 Console（控制台）、Sources（源文件）、Network（网络）等。这里仅介绍与 HTML 有关的 Elements（元素）。

1.5.2　查看和修改 HTML 代码与 CSS 代码

在 Elements 标签页中可以查看 HTML 代码和相应的 CSS 代码，左侧显示了网页源代码，右侧显示相应的 CSS 代码。查看 HTML 代码和相应的 CSS 代码，如图 1-5-1 所示。

图 1-5-1　查看 HTML 代码和相应的 CSS 代码

一、查看 HTML 代码与 CSS 代码

在浏览器窗口中右击网页元素，在弹出的菜单中选择"检查"选项，代码区将直接定位到该元素相关的 HTML 代码。单击 HTML 代码，CSS 代码区将显示该 HTML 代码对应的 CSS 代码。

二、修改 HTML 代码与 CSS 代码

在 HTML 代码区可以查看网页的源代码。除此之外，还可以修改 HTML 代码，编辑属性，或者删除 HTML 代码。在 HTML 代码区查看源代码，如图 1-5-2 所示。

在 CSS 代码区可以修改属性值。单击属性值，属性值的背景呈蓝色。修改属性值，如图 1-5-3 所示。

将光标移至 CSS 属性前，将出现复选框，可以取消/选择相关的样式。CSS 属性前的复选框如图 1-5-4 所示。

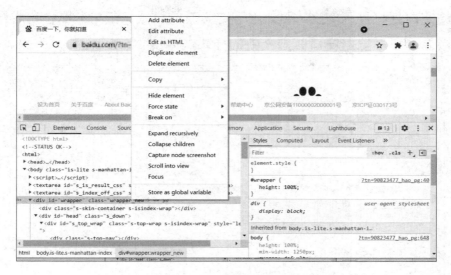

图 1-5-2　在 HTML 代码区查看源代码

图 1-5-3　修改属性值

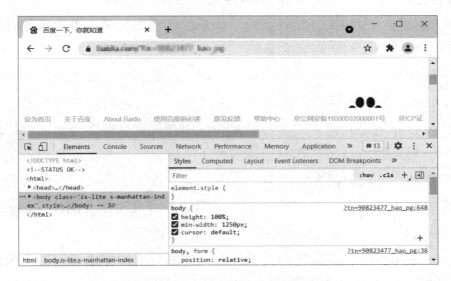

图 1-5-4　CSS 属性前的复选框

CSS 区域的空白处将显示空文本框，用于定义新的样式。在文本框中完成样式的输入后，新的样式将直接显示在浏览器窗口。定义新的样式，如图 1-5-5 所示。

图 1-5-5　定义新的样式

在开发者工具中所有调整或新增的样式都将直接在浏览器窗口展示，非常便于网页的调试。当网页效果满足要求后，按【Ctrl+S】组合键保存网页，然后提取其中的 CSS 代码并复制到相关的项目文件中。

1.6 ●●● 组织文件

网站其实是存储在服务器磁盘上的 HTML 文档和资源的组合，包含了网页文件、图片、Flash、视频、JavaScript 程序和 CSS 等文件。如果这么多的文件杂乱无章地存放在服务器硬盘上，必然会给网站的维护与扩展带来障碍。

合理的站点结构能够加快对网站的设计、管理，能够提高工作效率，节省时间。网站的规划目标是将网站所有的元素组织成合理的目录结构，通常遵循以下的规则。

（1）按栏目内容分别建立文件夹。一般来说，用文件夹合理地构建文档结构的方法是首先为网站创建一个根目录，然后在其中创建多个子文件夹，再将文件分门别类地存储到相应的文件夹下。必要时，可以创建多级子类文件夹。

（2）资源文件按类存放在不同的文件夹中。例如，可以为图片创建 images 文件夹，为 CSS 文件创建 css 文件夹，为 JavaScript 程序创建 js 文件夹等。

（3）避免以中文命名文件或文件夹。虽然中文命名对于使用汉语的用户来说清晰易懂，但由于 Web 服务器使用的是英文操作系统，因而不能对中文的文件名和中文的文件夹名提供很好的支持，容易导致浏览错误或访问失败。相对规范的网站文件组织形式如图 1-6-1 所示。

图 1-6-1　相对规范的网站文件组织形式

1.7 ●●● 网页发布

本书介绍的大部分实例保存在本机的硬盘中，这使得它们在完成之前不会进入公众的手中。但是，在完成网页开发后，需要将其传输到可公开访问的 Web 服务器（即发布），以便他人通过浏览器进行访问。

常用的将文件传输到服务器的方法如下。

（1）使用浏览器通过 FTP 上传网站文件。例如，在 Internet Explorer 的地址栏中输入 FTP 服务器的地址（以 ftp://开头），对话框会提示输入用户名和服务器密码。如果输入正确，将显示类似 Windows 资源管理器的窗口，通过将文件拖动或者复制到该窗口中实现文件的传输。

（2）使用第三方 FTP 应用程序可简化文件的传输。第三方 FTP 应用程序比 Internet Explorer 在传输上具有一定的优势。例如，第三方 FTP 应用程序能够恢复由于通信错误而中断的上传过程。这些软件包括 FileZilla 和 BulletProof FTP 等。

（3）直接保存到 Web 服务器。大多数 Web 开发工具，如 Microsoft Expression Web，都可以通过在"另存为"对话框中输入站点的 URL，将文件保存到 Web 服务器。值得注意的是，记事本中无法执行此类操作。

本书没有介绍如何将文件传输到服务器，这是因为上传过程取决于众多的因素，如果对上传过程有疑问，可以咨询网络管理员或相关的技术支持人员。

1.8 •••练习题

一、填空题

（1）网页文件名的后缀是_____和_____。

（2）HTML 文档以_____标签开始，以_____结束。

（3）网页的头部标签是_____，主体标签是_____，定义网页标题的标签是_____。

（4）定义网页重定向需在头部添加_____标签，并指定_____、_____、_____这 3 个属性。

（5）为网页定义背景色应使用_____属性；为背景定义图像，应使用_____属性，并指定图像文件的_____。

（6）标准的 URL 由三部分组成：_____、_____、_____。

（7）常用的文本编辑器有：_____、_____、_____。

二、简答题

（1）简述相对路径和绝对路径的概念以及它们的区别。

（2）简述网页文件组织的规则。

（3）简述以下代码中各标签的作用。

```
<!DOCTYPE html>
<html>
<head>
    <title>The first web page</title>
    <meta charset="UTF-8">
</head>
<body>
    <h1>Hello World</h1>
</body>
</html>
```

三、操作题

（1）下载最新版 Notepad++并完成安装。

（2）运用 Chrome 开发者工具，检查网页元素。

HTML 基本元素

文本是网页的基本元素，也是传达信息最直接的方法。网页中的元素能为网页增添色彩，提高吸引力。

网页中的各类元素是由相应的 HTML 标签定义的。因此，Web 前端开发的前提是熟悉并掌握各类 HTML 标签的使用方法。在早期版本中，<font>标签和 align 属性可以设置文本的格式。但是，本书不推荐使用它们，本书将重点探讨主流的网页开发技术。

本章首先将介绍如何利用 HTML 标签设计网页中的基本元素，包括标题、段落、文本、转义字符、水平线、换行、列表、图像等，然后介绍 HTML 的编码规范，最后总结了 HTML 的标签和属性。

2.1 ●●● 标题

网页中的标题与 Word 文档中的标题具有相同的意义和作用，它可以将文本拆分成多个部分或多个层级，并突出重点，代码如下。

```
<hn>标题文字</hn>
```

代码说明：n 的取值范围是 1～6，代表 6 个级别的标题，编号越大呈现在屏幕上的字号越小。定义标题的代码可以放在网页主体<body>标签内任意位置。

例如，定义标题 3 文本，代码如下。

```
<h3>标题 3</h3>
```

又如，定义标题 6 文本，代码如下。

```
<h6>标题 6</h6>
```

2.2 ●●● 段落

在 Microsoft Word 中按【Enter】键可以创建一个新的段落，而在 HTML 中没有这么方便。浏览器会忽略 HTML 中的回车，所以在网页中创建段落应使用<p>标签，代码如下。

```
<p>段落文本</p>
```

代码说明：HTML 运用<p>标签创建段落，它们中间包围的文本将显示在网页中。

<p>标签允许省略结束标签</p>，但是对于初学者来说，为了代码的一致性，建议继续添加结束标签</p>。

【实例 2-1】标题和段落的示例。

本例在网页中添加标题 4 文本，并创建 2 个段落，代码如下。

```
<!DOCTYPE html>
<html>
<head>
    <title>段落</title>
    <meta charset="UTF-8">
</head>
<body>
    <h4>上海市工程技术管理学校简介</h4>
    <p>上海市工程技术管理学校创建于 1980 年，原名为上海市竖河职业技术学校</p>
    <p>学校始终以"服务区域经济，成就学生未来"为己任。</p>
</body>
</html>
```

标题和段落的显示效果如图 2-2-1 所示。

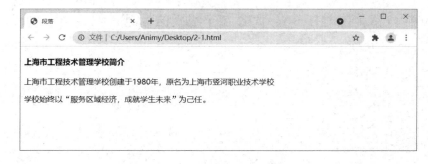

图 2-2-1　标题和段落的显示效果

2.3 ••• 文本

网页中的文本编排较为复杂，需要借助相应的 HTML 标签进行编排。

2.3.1　粗体和斜体

粗体和斜体能使文本显示更为突出并引起注意。运用<b>标签和<i>标签可以为文本定义上述样式，代码如下。

```
<b>文本</b>
<i>文本</i>
```

代码说明：<b>标签为文本设置粗体；<i>标签为文本设置斜体。这 2 个标签中包含需要格式化的文本，且都需要成对出现。

【实例 2-2】设置斜体、粗体效果的示例，代码如下。

```
<!DOCTYPE html>
<html>
<head>
    <title>粗体和斜体</title>
    <meta charset="UTF-8">
</head>
<body>
    <p>上海市工程技术管理学校创建于 1980 年，原名为<i>上海市竖河职业技术学校</i>，
    1992 年被认定为<b>省级重点职业高中</b>，1996 年被教育部命名为"全国重点职业
高中"，2010 年更名为上海市工程技术管理学校，2014 年通过教育部"中等职业教育改革
发展示范学校"评估验收。
    </p>
</body>
</html>
```

粗体和斜体的显示效果如图 2-3-1 所示。

<b>标签和<i>标签也能嵌套使用，从而给文本提供多种样式。例如，下述代码将文本设置为粗体和斜体。

```
<b><i>上海市工程技术管理学校</i></b>
```

代码说明：HTML 允许使用<strong>标签代替<b>标签，<em>标签代替<i>标签，遇到这类标签时能够理解它们的含义即可。

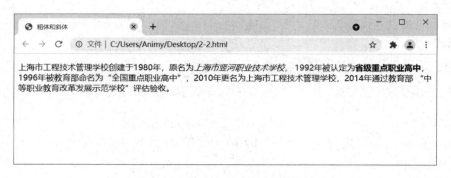

图 2-3-1　粗体和斜体的显示效果

2.3.2　突出显示文本

使用荧光笔可以标记文本中的关键字或短语，<mark>标签的作用与荧光笔的作用类似。使用<mark>标签能够达到突出显示文本的目的，代码如下。

```
<mark>突出显示文本</mark>
```

代码说明：<mark>标签包含的文本将突出显示。

【实例2-3】<mark>标签的示例，代码如下。

```
<!DOCTYPE html>
<html>
<head>
    <title>突出显示文本</title>
    <meta charset="UTF-8">
</head>
<body>
    <p>上海市工程技术管理学校创建于 1980 年，原名为上海市竖河职业技术学校，
        <mark>中等职业教育改革发展示范学校</mark>评估验收。</p>
</body>
</html>
```

代码说明：上例中<mark>标签和</mark>标签包含了"中等职业教育改革发展示范学校"文本，突出显示文本的效果如图 2-3-2 所示。

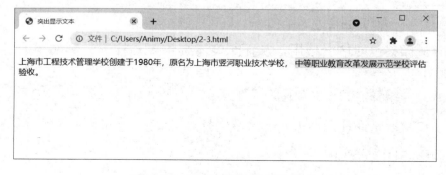

图 2-3-2　突出显示文本的效果

2.3.3   文本格式

早期，Web 前端开发人员利用<font>标签设置网页中的文本格式，由于 HTML5 已经将其删除，这里仅简单地进行介绍，使读者有大概的了解。<font>标签的 face、color、size 属性用于指定文本的字体、颜色和字号，代码如下。

```
<font face="verdana" color="green" size="20">This is some text!</font>
```

对于文本格式的更多设置，请参考后续章节的相关内容。

2.4   转义字符

网页中的文本除了包含字母与数字，还包含空格或其他特殊字符，如￥、$等。Google Chrome 浏览器会自动忽略 HTML 中的多个空格，因此在网页中输入多个空格或其他特殊字符的时候，要采用 HTML 转义字符。常用字符与其对应的转义字符如表 2-1 所示。

表 2-1   常用字符与其对应的转义字符

常用字符	转义字符
"	&quot;
&	&amp;
<	&lt;
>	&gt;
空格	
￥	&yen;
©	&copy;
£	&pound;
®	&reg;

【实例 2-4】特殊字符的显示效果示例代码如下。

```
<!DOCTYPE html>
<html>
<head>
    <title>特殊字符</title>
    <meta charset="UTF-8">
</head>
```

```
<body>
    <p>上海市     工程技术管理学校</p>
    <p>&copy;版权所有 上海市工程技术管理学校</p>
</body>
</html>
```

代码说明：转义字符可以替代网页中的特殊符号。上例运用转义字符在文本"上海市"后面插入 5 个空格，在文本"版权所有"前插入了符号©。特殊字符的显示效果如图 2-4-1 所示。

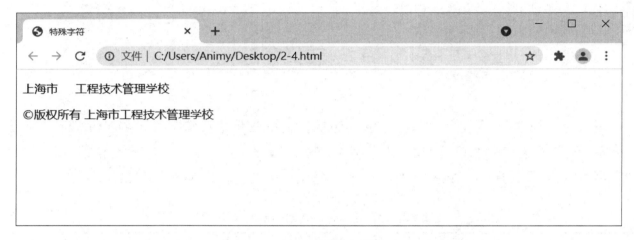

图 2-4-1　特殊字符的显示效果

2.5　水平线

水平线在网页中很常见，它可以用来分隔板块或段落。输入<hr>标签即可在网页中插入一条水平线，代码如下。

```
<h1>标题</h1>
<hr>
<p>段落文本</p>
```

代码说明：上述粗体代码实现了在标题和段落之间插入一条水平线的作用。注意，<hr>标签是单标签。

HTML5 舍弃了<hr>的 color（颜色）、size（高度）、align（对齐方式）等多个属性，本书也不介绍这些属性，仅介绍水平线的 width（宽度）属性。有兴趣的读者可以查阅相关资料获取这方面信息。

水平线默认的宽度是浏览器窗口宽度的 100%，width 属性用于定义水平线的宽度，宽度值可以是精确的像素值，也可以是水平线所占浏览器窗口宽度的百分比，代码如下。

```
<hr width="500">
```

代码说明：定义水平线的宽度为 500 像素。

如果水平线的宽度定义为百分比值，那么其宽度将会随着浏览器窗口的变化自动调整，并将始终保持固定的比例，代码如下。

```
<hr width="90%">
```

代码说明：定义水平线的宽度占浏览器窗口宽度的 90%。

【实例 2-5】在网页中添加水平线并定义水平线宽度的示例，代码如下。

```
<!DOCTYPE html>
<html>
<head>
    <title>水平线</title>
    <meta charset="UTF-8">
</head>
<body>
    <p align="center">上海市工程技术管理学校简介</p>
    <hr width="800">
    <p>上海市工程技术管理学校创建于1980年，原名</p>
    <hr width="88%" >
    <p align="center">&copy;版权所有 上海市工程技术管理学校</p>
</body>
</html>
```

代码说明：align 属性用于调整对齐方式。在 Google Chrome 浏览器中，水平线的显示效果如图 2-5-1 所示。

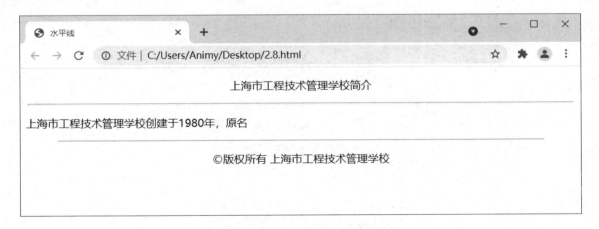

图 2-5-1　水平线的显示效果

读者可以尝试调整浏览器的宽度，对比实例 2-5，采用不同水平线的宽度，分析它们在浏览器中显示效果的区别。

2.6 • • • 换行

在默认情况下，浏览器会根据窗口的宽度自动调整文本的长度，当一行容纳不下时，会自动换行。使用
标签可以对文档强制换行，代码如下。

```
<br>
```

代码说明：
标签之后的文本将显示在新的一行中，1 个
标签换 1 行，多个
标签换多行。
标签是单标签。

【实例2-6】文本换行的示例，代码如下。

```
<!DOCTYPE html>
<html>
<head>
    <title>换行</title>
    <meta charset="UTF-8">
</head>
<body>
    <p align="left" >上海市工程技术管理学校创建于1980年，原名为上海市竖河职业技术
学校<br>1992年被认定为"省级重点职业高中"<br>1996年被教育部命名为"全国重点职业高
中"，2010年更名为上海市工程技术管理学校。</p>
    <p align="left">上海市工程技术管理学校创建于1980年，原名上海市竖河职业技术学校。</p>
</body>
</html>
```

文本换行的显示效果如图 2-6-1 所示。

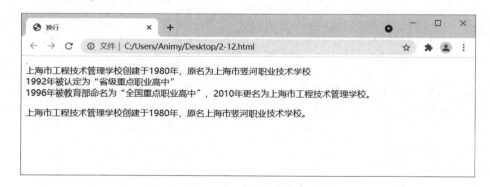

图 2-6-1　文本换行的显示效果

代码说明：
标签只是开始新的一行，而<p>标签通常会在相邻的段落之间添加间距。请注意观察如图 2-6-1 所示的行距与段距之间的区别。

2.7　•••　列表

Microsoft Word 中的项目符号、项目编号在网页中被称为列表。通常，对于包含大量文本的网页，为不同主题添加列表能使信息层次清晰。网页中可以创建有序列表（Ordered lists）和无序列表（Unordered lists），无序列表也称为项目符号列表。

2.7.1　列表基础

HTML 运用<ol>标签和<ul>标签分别创建有序列表和无序列表。有序列表的各列表项之前是编号，而无序列表的各列表项之前是符号，默认是"●"，格式如下。

```
<ol|ul>
    <li>列表项</li>
    <li>列表项</li>
    <li>列表项</li>
</ol|ul>
```

格式说明：<ol>标签和<ul>标签决定了列表的类型，<li>标签用来定义列表中的一个列表项，它们均是双标签。

【实例 2-7】有序列表的示例，代码如下。

```
<!DOCTYPE html>
<html>
<head>
    <title>有序列表</title>
    <meta charset="UTF-8">
</head>
<body>
    <h4>有序列表</h4>
    <ol>
        <li>本科</li>
        <li>高职</li>
        <li>中职</li>
        <li>初中</li>
    </ol>
</body>
</html>
```

代码说明：在网页中插入一个包含 4 个列表项的有序列表。有序列表的显示效果，如图 2-7-1 所示。

创建无序列表的方法和有序列表基本相似，只需将 ol 修改为 ul 即可。

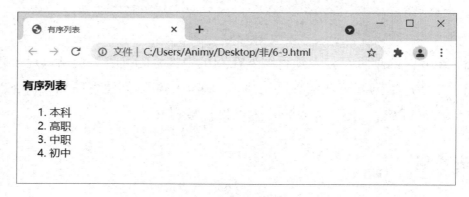

图 2-7-1　有序列表的显示效果

【实例 2-8】无序列表的示例。将实例 2-7 代码中的<ol>修改为<ul>，</ol>修改为</u>，即可创建无序列表，代码如下。

```
<ul>
    <li>本科</li>
    <li>高职</li>
    <li>中职</li>
    <li>初中</li>
</ul>
```

代码说明：无序列表的显示效果如图 2-7-2 所示。

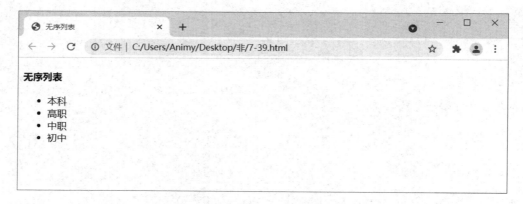

图 2-7-2　无序列表的显示效果

2.7.2　编号和符号

有序列表默认的项目编号是数字，无序列表默认的项目符号是实心的圆点"●"。type 属性可以指定有序列表的编号类型和无序列表的符号类型。

2.7.3　嵌套列表

允许嵌套列表，即列表项中可以嵌套另一个列表。

【**实例 2-9**】嵌套列表的示例。本例演示了在有序列表中嵌套无序列表的方法，代码如下。

```html
<!DOCTYPE html>
<html>
<head>
    <title>列表嵌套</title>
    <meta charset="UTF-8">
</head>
<body>
    <h4>列表嵌套</h4>
    <ol>
        <li>本科</li>
        <li>高职</li>
        <li>中职
            <ul>
                <li>中等专业学校</li>
                <li>技工学校</li>
                <li>中等职业学校</li>
            </ul>
        </li>
        <li>初中</li>
    </ol>
</body>
</html>
```

代码说明：粗体代码定义了无序列表，它嵌套在有序列表的列表项<li>标签和</li>标签中。
嵌套列表的显示效果如图 2-7-3 所示。

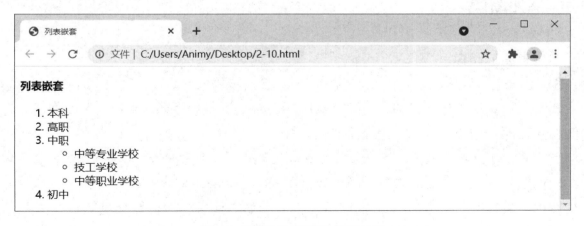

图 2-7-3　嵌套列表的显示效果

2.8 ●●● 图像

图像是网页的基本元素之一，能为网页增添色彩，提高吸引力。

对于 Microsoft Word 等文字处理软件，图像可以被直接嵌入到文档中，当把文档分发给其他人时，其中已经包含了图像文件。但是，在网页中的图像是单独存放在文件中的，该文件必须位于本机、Web 服务器或本机 Web 服务器可以访问的位置，才能在 Google Chrome 浏览器中正确地显示。

2.8.1 图像格式

当今，每天都有各类设备访问 Web 应用程序，包括基于 Windows 操作系统的计算机、基于 iOS 操作系统的 iPhone，以及基于 Android 操作系统的手机等。在网页中使用的图像格式必须能被各类操作系统和浏览器识别，否则将无法正确地显示。

当前 Web 应用程序上使用最广泛的 3 种格式分别是 GIF、PNG、JPG，对应的文件名后缀分别为 gif、png、jpg。原则上，网页中使用的图像对应的文件体积最小且图像质量最佳。

JPG 格式适用于彩色照片。此图像格式可以处理大量颜色，并且压缩效果很好，因此文件体积较小。但是，这是一种有损格式，将图像另存为 JPG 格式时会丢失图像的一些原始信息，但为了提高网页加载速度，丢失的信息可以被忽略。

当保存带有大量纯色和透明图案的图像时，通常会使用 PNG 格式和 GIF 格式。与 JPEG 格式相比，PNG 格式和 GIF 格式对连续颜色或重复图案区域的压缩效果更好。PNG 格式通常是更好的选择，因为它具有更好的压缩算法，并且支持透明度。

2.8.2 添加图像

在网页中添加图像，应使用<img>标签，格式如下。

```
<img src="URL">
```

格式说明：src 属性指向图像文件的 URL。注意，<img>标签是单标签，它没有结束标签。例如，在网页中插入图像，代码如下。

```
<img src="images/car.jpg">
```

代码说明：上例中图像的文件名是 car.jpg，位于 images 文件夹。

从技术上讲，<img> 标签并非在网页中插入图像，而是将图像链接到网页，浏览器从指定的 URL 获取图像并在窗口中展示。

2.8.3　图像属性

添加属性可以描述图像更多的细节。HTML4 支持图像的 width 属性、height 属性、align 属性、border 属性、alt 属性等，而 HTML5 标准已经舍弃了 align 属性、border 属性等，因为这些属性均可以被 CSS 相关属性替代。至于 width 属性和 height 属性，目前仍被部分 Web 开发人员使用，但最终也将被 CSS 相关属性替代。

下面介绍图像的 width 属性、height 属性和 alt 属性。

一、图像的宽度和高度

图像的大小通常采用宽度和高度来描述。前面已经介绍了，width 属性可以定义元素的宽度；当使用百分比作为元素的宽度时，由于元素的宽度根据其父元素的宽度计算而得，且浏览器的窗口有固定的宽度，所以 width 属性的值应设置为百分比。

height 属性用来定义图像的高度，它的单位是像素值。只有为其父元素指定了高度，height 属性的值为百分比才是有意义的。

例如，定义图像的宽度和高度，代码如下。

```
<img src="car.png" width="500" height="400">
```

代码说明：同时指定图像的 width 属性和 height 属性后，它将以固定的大小在浏览器的窗口中显示。

若只是指定图像的 width 属性或 height 属性，则默认情况下浏览器会根据图像的原始纵横比自动调整，代码如下。

```
<img src="car.png" width="500">
```

代码说明：根据图像的宽度，浏览器将自动调整其高度。

又如：

```
<img src="car.png" height="200">
```

代码说明：浏览器也将根据图像的高度自动调整其宽度。

例如，用百分比指定图像的宽度，代码如下。

```
<img src="car.png" width="60%">
```

代码说明：指定图像的宽度为浏览器窗口的 60%，这种情况下图像将会自动适应浏览器的窗口大小，并保持原始的纵横比。

【实例 2-10】固定图像大小的示例，代码如下。

```
<!DOCTYPE html>
<html>
<head>
    <title>图像大小</title>
    <meta charset="UTF-8">
</head>
```

```
<body>
    <h4>固定宽度和高度</h4>
    <img src="images/car.jpg" width="450" height="200">
    <h4>固定宽度</h4>
    <img src="images/car.jpg" width="400">
    <h4>固定高度</h4>
    <img src="images/car.jpg" width="100">
    <h4>宽度百分比</h4>
    <img src="images/car.jpg" width="30%">
</body>
</html>
```

代码说明：本例分别采用 4 种方式定义图像的大小，包括固定宽度和高度、固定宽度、固定高度、宽度百分比。请读者在浏览器中观察这些图片的区别，以及调整浏览器窗口大小后各图片的状态是否发生变化。

二、图像描述文本

当图像文件较大或者网速很慢时，浏览器往往不能及时显示图像；当图像文件不存在时，浏览器通常使用默认的小图标替代图像。利用图像描述文本能够在图像无法加载时显示之前定义的文本。

alt 属性可以定义图像描述文本，代码如下。

```
<img src="car.png" alt="Car Picture">
```

代码说明：为图像定义了图像描述文本，当图像无法加载时显示文本"Car Picture"。

【实例 2-11】利用 alt 属性定义图像描述文本并设置图像宽度，代码如下。

```
<!DOCTYPE html>
<html>
<head>
    <title>图像描述文本</title>
    <meta charset="UTF-8">
</head>
<body>
    <h1>A look back at the IAA 2018</h1>
    <img src="images/car.jp" width="55%" alt="IAA Cars Picture">
</body>
</html>
```

这段代码定义了图像描述文本"IAA Cars Picture"。图像描述文本的显示效果如图 2-8-1 所示。

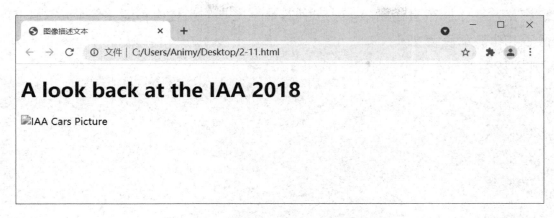

图 2-8-1 图像描述文本的显示效果

将上例中的 src 属性的值调整为"images/car.jpg",刷新浏览器,尝试调整浏览器窗口大小,观察图像自动调整后的大小。

2.9 ••• 编码规范

应以书写清晰,便于理解和维护为目标,来培养良好的编程素养,在编写代码时应遵循以下规则。

1．闭合标签

HTML 的大部分标签是成对出现的,使用起始标签和结束标签进行标记,格式如下。

```
<body>
......
</body>
```

格式说明:遗漏标签将导致浏览器解析错误。在 HTML5 标准中,可以省略结束标签的部分,但本书不推荐省略这些结束标签。

2．大小写

HTML 标签不区分大小写字母,可以全部大写字母、小写字母或者混合使用,代码如下。

```
<H1>Hello World</H1>
<h1>Hello World</h1>
```

代码说明:上述两段代码的显示效果是一致的,但是为了便于代码的维护,最常见的 HTML 标签是始终使用小写字母的。

3．空格和回车

浏览器显示文本时将忽略 HTML 文档中多余的空格和回车,即浏览器将多个连续的空格视作 1 个空格，对于回车直接删除，从左到右显示文本。当行内不能完整显示文本的时候，自动换行后继续显示后续文本。

【实例 2-12】空格和回车的示例，代码如下。

```
<!DOCTYPE html>
<html>
<head>
    <title>The first web page</title>
    <meta charset="UTF-8">
</head>
<body>
    The first web page
    Hello World
</body>
</html>
```

代码说明：浏览器首先忽略了两行文本之间的回车，然后将第一行尾的空格和第二行首的空格合并，最终显示 1 个空格。空格和回车的显示效果如图 2-9-1 所示。

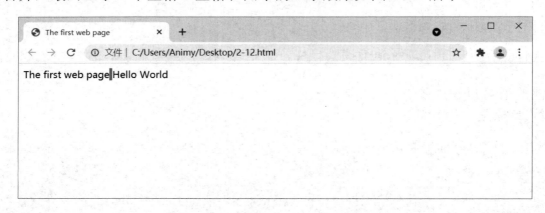

图 2-9-1　空格和回车的显示效果

4．注释

和其他编程语言类似，可在代码中添加注释。注释由 "<!--" 开始，至 "-->" 结束，格式如下。

```
<!--注释的内容-->
```

格式说明：浏览器在解析 HTML 代码时，会忽略注释部分的内容，即注释部分的内容不会显示在浏览器中。

5．缩进

在编写其他程序时，为了使代码清晰明了，一般将低一级别的语句相对于高一级别的语句往右侧方向缩进若干个空格，一般是两个或者 4 个空格。同样，在编写 HTML 代码时也应该注意将代码适当地缩进。

例如,下面的代码展示了 HTML 代码的缩进方式。

```
<html>
<head>
    <title>The first web page</title>
    <meta charset="UTF-8">
</head>
<body>
    <h1>Hello World</h1>
</body>
</html>
```

代码说明:从结构上讲,<title>标签和<meta>标签是<head>标签的子元素,将<title>标签和<meta>相对于<head>标签缩进 2 个或者 4 个空格,从而在结构上变得更加清晰。<title>标签和<meta>标签是先后且并列的关系,它们属于同级标签,所以这 2 个标签之间不需要缩进。

由于<h1>标签在<body>标签内部,它应相对于<body>标签缩进。

通常,为了便于代码的阅读,经常会控制代码行的宽度。对于<head>标签和<body>标签,虽然它们位于<html>内部,但是一般不推荐缩进这 2 个标签。

6. 属性的值

属性的值可以写在""中,也可以写在''中,还可以不加引号,但是建议统一使用双引号。

2.10 ••• 标签和属性总结

2.10.1 标签说明

(1)不允许写结束标签的元素:
、<hr>、<img>、<input>、<link>、<meta>、<base>、<param>、<area>、<col>、<command>、<embed>、<keygen>、<source>、<track>、<wbr>。

(2)可以省略结束标签的元素:<li>、<dt>、<dd>、<p>、<option>、<thead>、<tbody>、<tr>、<td>、<th>、<rt>、<rp>、<optgroup>、<colgroup>、<tfoot>、<video>、<audio>。

(3)可以省略全部标签的元素:<html>、<head>、<body>、<colgroup>、<tbody>。从初学者的角度考虑,为了便于代码的编写与后续的维护,凡是可以省略结束标签的均不推荐省略。

(4)不提供 class 属性、id 属性、style 属性、title 属性的标签:<html>、<head>、<base>、<meta>、<script>、<style>、<title>。

2.10.2 HTML5 废除的标签和属性

（1）HTML5 废除的标签：<basefont>标签、<big>标签、<center>标签、<font>标签、<s>标签、<strike>标签、<tt>标签、<u>标签。这些元素标签为网页展示服务，在 HTML5 中提倡把这些格式化标签放在 CSS 中。

（2）HTML5 删除了大部分用于描述网页元素样式的属性，这些被删除的属性均可以被 CSS 替代。这些内容可以参考其他的资料获取。

2.11 练习题

一、选择题

1．定义标题 4 的标签对为_____。

2．网页中的粗体和斜体使用_____，_____标签定义；突出显示文本使用_____标签定义。

3．水平线使用_____标签定义。

4．网页中的空格和&使用_____，_____表示。

5．网页中的列表有_____和_____，分别用_____和_____标签定义。定义列表项使用_____标签。

6．运用_____标签可以在网页中插入图像，_____和_____属性用来定义图像的宽度和高度，运用_____属性可以定义图像描述文本，_____属性用来指向图像文件。

7．网页中的注释使用_____标签。

二、操作题

完成如图 2-11-1 所示的列表嵌套，显示效果如下。

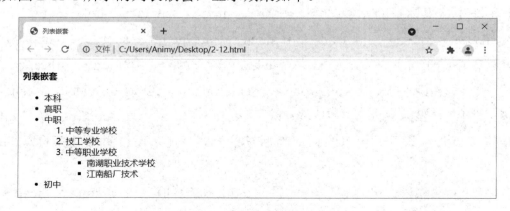

图 2-11-1　嵌套列表的显示效果

第 **3** 章

多 媒 体

本书已经介绍了在网页中运用文本或者图像的方法。但是，如果网页中仅使用文本或图像，会显得很单调。将视频等多媒体元素添加到网页中，会给单调的网页带来活力。

Web 流行的原因是它融合了图形、声音、动画和视频等多媒体资源。尽管此类文件体积较大，在过去限制了它们的应用范围，但如今随着诸如流媒体、Internet 连接等技术的发展，使其应用范围不断地扩大。

本章介绍使用 HTML 技术将多媒体资源添加到网页的方法。多媒体资源包括视频、音频、Flash 等，这些资源将为访问者提供更为丰富多彩的用户体验。

3.1 ···· 视频

自 2000 年以来，网络逐步拥有了足够的带宽，开发人员开始在 Web 中使用视频和音频。早期的 Web 只能使用诸如 Flash 之类的技术，虽然这种技术行之有效，但存在许多问题，随着时代的进步现已即将退出历史舞台。

在过去，给网站添加多媒体的唯一方法是通过 Adobe Flash Player、QuickTime 等第三方插件。幸运的是，HTML5 规范新增的本地媒体技术改变了这一切，现在可以利用<video>标签引入视频，并由浏览器通过本地媒体播放视频。

3.1.1 添加视频

使用 Web 的人群庞大，因此，让访问者都能观看网站视频的需求迫在眉睫。HTML5 支持本地视频，同时也支持许多不同的视频文件格式和编解码器，主要有以下 3 种。

● 文件扩展名为.ogg 或.ogv，支持 Firefox 3.5 +、Chrome 5+和 Opera 10.5+。

● 文件扩展名为.mp4 或.m4v，支持 Safari 3+、Chrome 5+、Internet Explorer 9+、iOS 和 Android 2+。

● 文件扩展名为.webm，支持 Firefox 4+、Chrome 6 +、Opera 11+、Internet Explorer 9+和 Android 2.3+。

需要注意的是，为了能够在 Safari 和 Chrome 浏览器上正确地播放视频，必须在本机安装 QuickTime 播放器，对于 Internet Explorer 浏览器则必须安装 Windows Media Player 播放器。

在 HTML 中添加视频应使用<video>标签，代码如下。

```
<video src="URL"></video>
```

代码说明：属性 src 指向视频文件所在的 URL。

【实例 3-1】在网页中添加视频，代码如下。

```
<!DOCTYPE html>
<html>
<head>
    <meta charset="UTF-8" />
    <title>添加视频</title>
</head>
<body>
    <h4>网页中添加视频</h4>
    <video src="medias/video.mp4"></video>
</body>
</html>
```

代码说明：这段代码展示了在网页中添加视频最基本的方法，该视频不会自动播放，仅以指定的大小显示视频的第一帧图像。添加视频的显示效果如图 3-1-1 所示。

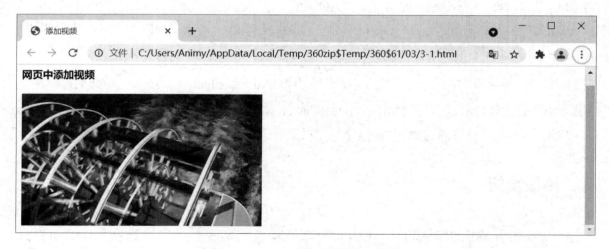

图 3-1-1　添加视频的显示效果

3.1.2 <video>标签的属性

<video>标签的属性可以灵活地控制视频。例如，为了让浏览器打开时自动播放视频，可以使用<video>标签的 autoplay 属性设置自动播放，利用 width 属性和 height 属性调整视频的宽度和高度。表 3-1 列出了<video>标签相关的属性及其说明。

表 3-1 <video>标签相关的属性及其说明

属性	值	功能描述
controls	controls	是否显示播放控件
autoplay	autoplay	设置是否打开浏览器后自动播放
width	px（像素）	设置播放器的宽度
height	px（像素）	设置播放器的高度
loop	loop	设置视频是否循环播放（即播放完后继续重新播放）
preload	preload	设置浏览器加载视频的方式，它可以采用 3 个不同的值： none：不加载任何东西 metadata：元数据，仅加载视频的元数据（如长度和尺寸） auto：让浏览器决定要做什么（这是默认设置）
src	url	设置视频播放的 URL 地址
poster	图片 url	设置播放器初始默认显示图片
autobuffer	autobuffer	设置为浏览器缓冲方式，不设置 autoplay 属性才有效

一、controls 属性和 autoplay 属性

controls 属性的作用是通知浏览器为视频添加默认的播放控件；autoplay 属性的作用是通知浏览器在打开网页的同时播放视频，代码如下。

```
<video src="medias/video.mp4" controls="controls" autoplay="autoplay">
</video>
```

代码说明：controls 属性和 autoplay 属性是 HTML5 新增的布尔属性，也就是说可以不为它们指定属性值，只需在标签中存在即可。上面的代码也可以做如下修改。

```
<video src="medias/video.mp4" controls autoplay></video>
```

视频控件的显示效果如图 3-1-2 所示。

图 3-1-2 视频控件的显示效果

二、width 属性和 height 属性

利用<video>标签的 width 属性和 height 属性可以定义视频的宽度和高度，代码如下。

```
<video src="medias/video.mp4" width="500" height="350"></video>
```

代码说明：这段代码定义了视频的宽度和高度，分别为 500px 和 350px。这些属性的默认单位是 px。

三、loop 属性

除了将视频设置为自动播放，还可以将视频设置为连续播放直到停止，代码如下。

```
<video src="medias/video.mp4" loop="loop"></video>
```

或者代码如下。

```
<video src="medias/video.mp4" loop></video>
```

四、poster 属性

浏览器默认显示视频的第一帧图像，利用 poster 属性可以定义指定图像。指定图像有时被称作海报图像，用来替代默认图像，代码如下。

```
<video src="medias/video.mp4" poster="medias/poster.png" ></video>
```

代码说明：这段代码指定 medias 文件夹中的 poster.png 图像文件作为视频的海报图像。

五、preload 属性

如果图像不是网页的主要内容，可以指定浏览器不进行加载，这样可以在节省网络带宽的同时，使浏览器专注于加载网页中的其他元素。

【实例 3-2】<video>标签属性的综合运用，代码如下。

```
<!DOCTYPE html>
<html>
<head>
    <meta charset="UTF-8" />
    <title>video 标签属性</title>
</head>
<body>
    <h4>video 属性应用</h4>
    <video src="medias/video.mp4" controls="controls"
    width="500" height="300" poster="images/poster.png"></video>
</body>
</html>
```

代码说明：在网页中添加视频，为视频添加了播放控件，设置视频的宽度和高度分别是 500px 和 300px，并指定海报图片为 images 文件夹下的 poster.png。

<video>标签的显示效果如图 3-1-3 所示。

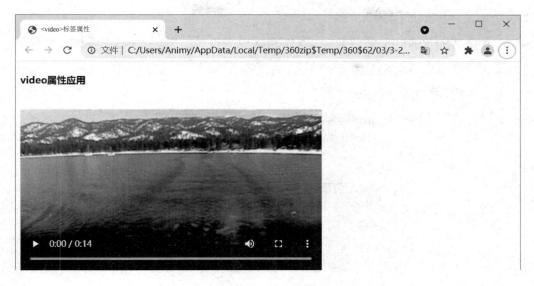

图 3-1-3　<video>标签的显示效果

3.1.3　指定多个视频文件

前面介绍的实例均使用了单一的视频文件。在实际的 Web 前端开发中，为了兼容所有的浏览器，应该提供多种不同格式的视频文件。例如，提供 mp4 或 webm 格式的文件。

<source>标签为网页支持多种视频格式提供了帮助。该标签能够指定多种格式的视频文件，代码如下。

```
<source src="URL" type="video/mp4|video/webm|video/ogg">
```

代码说明：src 属性指向了视频文件的 URL；type 属性表示视频格式。

src 属性和 type 属性的功能描述，如表 3-2 所示。

表 3-2　src 属性和 type 属性的功能描述

属性	功能描述
src	视频文件 URL
type	指定视频格式，以帮助浏览器确定是否可以播放视频。该属性的值反映了视频的格式或编解码器（如 video / mp4，video / webm 或 video / ogg）

【实例 3-3】指定多个格式的视频文件，代码如下。

```
<video controls width="60%">
    <source src="medias/video.mp4" type="video/mp4">
    <source src="medias/video.webm" type="video/webm">
    <p>您的浏览器不支持<video>标签</p>
</video>
```

代码说明：当浏览器遇到<video>标签时，首先检查该元素是否定义了 src 属性。如果没有定义 src 属性，它将遍历检查所有的<source>标签，寻找可以播放的视频文件，一旦找到就会播放它，其余的视频文件将被忽略。

Safari 浏览器将播放 mp4 文件，忽略 webm 文件。任何无法识别 video 元素或 source 元素，或者不支持 HTML5 的浏览器，在解析文档时都将忽略这些标签，仅显示<video>标签中的文本"您的浏览器不支持<video>标签"。

<source>标签在后续介绍<audio>标签（音频）中同样适用。

3.2 ●●●● 音频

与视频一样，HTML 也支持多种格式的音频文件。HTML5 支持以下 5 种主要的音频编解码格式。

- Ogg：使用.ogg 文件扩展名，并且受 Firefox 3.5 +、Chrome 5+和 Opera 10.5+的支持。
- MP3：使用.mp3 文件扩展名，并且受 Safari 5 +、Chrome 6 +、Internet Explorer 9+和 iOS 的支持。
- WAV：使用.wav 文件扩展名，并且受 Firefox 3.6 +、Safari 5 +、Chrome 8+和 Opera 10.5+ 的支持。
- AAC：使用.aac 文件扩展名，并且受 Safari 3 +、Internet Explorer 9 +、iOS 3+和 Android 2+的支持。
- MP4：使用.mp4 扩展名，并且受 Safari 3 +、Chrome 5 +、Internet Explorer 9 +、iOS 3+ 和 Android 2+的支持。

3.2.1 添加音频

利用<audio>标签可以在网页中添加音频，方法与添加视频非常相似，代码如下。

```
<audio src="URL"></audio>
```

代码说明：URL 用于指向音频文件的路径。

【实例 3-4】在网页中添加 medias 文件夹下的 piano.ogg 音频文件。由于音频不是可视媒体，所以在浏览器中打开上述网页后不显示任何内容，代码如下。

```
<!DOCTYPE html>
<html>
<head>
    <meta charset="UTF-8" />
    <title>添加音频</title>
</head>
<body>
```

```
    <h4>添加音频</h4>
    <audio src="medias/piano.ogg"></audio>
</body>
</html>
```

3.2.2　音频属性

正如<video>标签一样，<audio>标签也提供了多个属性来控制音频的播放。<audio>标签相关属性的值和功能描述如表 3-3 所示。

表 3-3　<audio>标签相关属性的值和功能描述

属性	值	功能描述
controls	controls	是否显示播放控件
autoplay	autoplay	设置是否打开浏览器后自动播放
loop	loop	设置音频是否循环播放（即播放完后继续重新播放）
preload	preload	设置浏览器加载音频的方式，它可以采用 3 个不同的值： none：不加载任何东西 metadata：元数据，仅加载音频的元数据（如长度） auto：让浏览器决定要做什么（这是默认设置）
src	url	设置要播放音频的 URL 地址
muted	muted	音频静音（不被所有浏览器支持）
hidden	true|false	隐藏或显示音频控件

在表 3-3 中，<audio>标签的多个属性及其值和<video>标签一致，可参考<video>标签的相关内容。muted 属性定义音频是否静音；hidden 属性用来隐藏或者显示音频播放控件，其默认值是不隐藏音频控件。音频控件如图 3-2-1 所示。

▶ 1:22 / 1:22 ━━━━━● 🔊 ━●

图 3-2-1　音频控件

【实例 3-5】在网页中添加音频，为音频添加播放控件、并设置为自动播放的音频示例。

本例添加 controls 属性用于显示音频控件，autoplay 属性用于设置随网页打开自动播放的音频。在浏览器打开时同步播放音频，代码如下。

```
<!DOCTYPE html>
<html>
<head>
    <meta charset="UTF-8" />
    <title>音频示例</title>
</head>
<body>
    <h4>音频示例</h4>
```

```
    <audio src="medias/piano.ogg" controls autoplay ></audio>
</body>
</html>
```

音频示例的显示效果如图 3-2-2 所示。

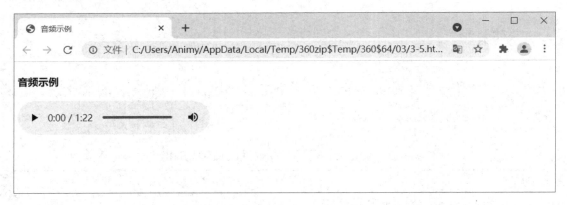

图 3-2-2　音频示例的显示效果

3.3 ● ● ● 嵌入多媒体

前面介绍了利用<video>标签和<audio>标签在网页中添加视频和音频的方法，但是这些标签并不能支持所有格式的视频文件、音频文件和其他多媒体文件，如 Flash 等格式的文件。

<embed>标签是 HTML5 标准新增的标签，它支持 Flash 文件以及<video>标签和<audio>标签所不支持的媒体文件。<embed>标签目前支持 IE 及非 IE 的浏览器。

<embed>标签也同样具有 width、height、src、loop、hidden 等属性。

例如，在浏览器中添加多媒体，指定多媒体的宽度和高度，隐藏多媒体控件，代码如下。

```
<embed src="URL" width="500" height="350" hidden="true">
```

【实例 3-6】在网页中使用<embed>标签添加音频，代码如下。

```
<!DOCTYPE html>
<html>
<head>
    <meta charset="UTF-8" />
    <title>背景音乐</title>
</head>
<body>
    <h4>背景音乐</h4>
    <embed src="medias/piano.mp3" width="500" height="350"></embed>
```

```
</body>
</html>
```

【**实例 3-7**】在网页中添加 Flash。将<embed>标签的 src 属性的值指向 Flash 文件，即可播放 Flash 动画，代码如下。

```
<!DOCTYPE html>
<html lang="en">
<head>
    <meta charset="UTF-8" />
    <title>播放 flash</title>
</head>
<body>
    <h4>播放 flash</h4>
    <embed src="medias/flash.swf" width="500" height="350" ></embed>
</body>
</html>
```

代码说明：打开浏览器后即播放 Flash 文件。

3.4　练习题

填空题

1．在网页中添加视频使用_____标签，添加音频使用_____标签，添加多媒体使用_____标签，利用_____属性为它们指定媒体文件。

2．运用_____属性为视频添加播放控件，_____属性设置视频自动播放，_____属性控制视频循环播放。为视频指定多个视频文件应使用_____标签。

3．视频文件主要有_____、_____、_____这 3 种格式。

4．常用的音频文件有_____、_____、_____、_____、_____等格式。

5．运用_____属性可以隐藏音频播放控件。

第 4 章

超 链 接

Web 是基于超链接存在的，离开了它，每个网页将孤立存在。百度、谷歌等搜索引擎利用网页中的超链接，能够遍历本站及 Web 中的网页，将网页收录至数据库，为大众提供搜索服务。

当今，每个网页都包含了与本站或者其他网站的链接，这些链接又链接到更多网页，直到覆盖整个互联网。可以说，超链接可以链接到 Web 上的任何资源，包括 Web 资源和非 Web 资源。

浏览者通过单击超链接打开网页，启动电子邮件程序，下载资源，观看电影或收听音乐，以及启动基于 Web 的应用程序等。

本章首先介绍超链接<a>标签的基本概念，运用该标签创建超链接，以及为超链接设置目标窗口的方法；然后介绍创建锚点和链接至锚点的方法；最后介绍运用<a>标签发送电子邮件和下载文件的方法。

4.1 ••• 超链接入门

超链接有很多种类型，它可以链接到本站或者 Internet 上的网页，也能够启动电子邮件，下载文件，观看电影收听音乐，以及链接到 Internet 中的任何 Web 和非 Web 资源。

4.1.1 基本超链接

<a>标签用于定义超链接，其 href 属性的值指向目标网页，之后是超链接文本，最后添加</a>标签结束超链接的定义，代码如下。

```
<a> href="URL"浏览器中显示的文本</a>
```

代码说明：<a>是超链接标签，href 属性指向了超链接的目标资源 URL；<a>标签包围的文本显示在浏览器窗口中。单击该文本，浏览器将打开指定的 URL。

一、链接至绝对路径

运用绝对路径可以将超链接指向 Web 中的某个网站。

【**实例 4-1**】超链接至网站的示例，代码如下。

```
<!DOCTYPE html>
<html>
<head>
    <title>创建超链接</title>
    <meta charset="UTF-8">
</head>
<body>
    <h4>上海市工程技术管理学校简介</h4>
    <p><a href="http://www.hxedu.com.cn/Resource/OS/AR/zz/zzp/201902797/
2.html">上海市工程技术管理学校</a></p>
    <hr>
    <p align="center">&copy;版权所有 上海市工程技术管理学校</p>
</body>
</html>
```

代码说明：上述代码中粗体部分在段落中创建超链接，在浏览器中显示的文本是"上海市工程技术管理学校"，单击该文本，打开学校官网。

浏览器默认使用蓝色显示超链接文本，并为超链接文本添加下画线。超链接的显示效果如图 4-1-1 所示。

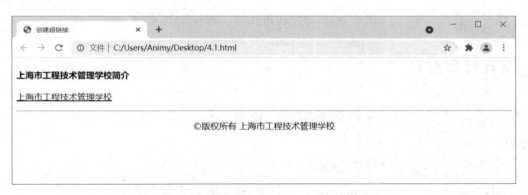

图 4-1-1　超链接的显示效果

二、链接至本站其他网页

实例 4-1 中的超链接使用了绝对路径，当链接至本站其他网页时，应使用相对路径。

【**实例 4-2**】链接至本站其他网页的示例，代码如下。

```
<!DOCTYPE html>
<html>
<head>
```

```
<title>链接至其他网页</title>
<meta charset="UTF-8">
</head>
<body>
    <h4>上海市工程技术管理学校简介</h4>
    <p><a href="index.html">上海市工程技术管理学校</a>创建于</p>
    <hr>
    <p align="center">&copy;版权所有 上海市工程技术管理学校</p>
</body>
</html>
```

本例使用了相对路径指向了同文件夹中的 index.html 文档。关于路径的概念，请参考 1.3 中的相关内容。如果超链接指向的网站或者资源不存在，那么浏览器将显示错误信息。打开超链接错误的显示效果，如图 4-1-2 所示。

图 4-1-2　打开超链接错误的显示效果

4.1.2　设置目标窗口

默认情况下，在当前窗口中打开超链接。使用 target 属性可以在指定的窗口中打开超链接，代码如下。

```
<a href="URL" target="value">
```

代码说明：target 属性的值 value 决定了打开超链接的位置，如表 4-1 所示。

表 4-1　target 属性的值

值	功能描述
_blank	在新窗口中打开被链接文档
_self	默认。在相同的框架中打开被链接文档
_parent	在父框架集中打开被链接文档
_top	在整个窗口中打开被链接文档
framename	在指定的框架中打开被链接文档

【**实例 4-3**】设置 target 属性的示例。本例为超链接添加了 target 属性，target 属性的值为 _blank，使目标网页在新的浏览器窗口中显示，代码如下。

```
<!DOCTYPE html>
<html>
<head>
    <title>设置目标窗口</title>
    <meta charset="UTF-8">
</head>
<body>
    <h4>上海市工程技术管理学校简介</h4>
    <p><a href="index.html" target="_blank">上海市工程技术管理学校</a></p>
    <hr>
    <p align="center">&copy;版权所有 上海市工程技术管理学校</p>
</body>
</html>
```

4.1.3　图像超链接

图像超链接的运用已经非常普遍。例如，在网页中设置交互按钮、图像画廊等，可以丰富网页的效果。

将<img>标签置于<a>标签和</a>标签内，即可实现图像超链接，代码如下。

```
<a href="URL"><img src="URL"></a>
```

代码说明：关于<img>标签的使用方法，读者可参考本书在第 2 章的内容。

【**实例 4-4**】为网页添加图像超链接的示例，代码如下。

```
<!DOCTYPE html>
<html>
<head>
    <title>图像超链接</title>
    <meta charset="UTF-8">
</head>
<body>
    <h4>上海市工程技术管理学校简介</h4>
    <p>上海市工程技术管理学校创建于 1980 年，原名为上海市竖河职业技术学校</p>
    <a href="http://www.hxedu.com.cn/Resource/OS/AR/zz/zzp/201902797/3.html"><img src="pic.png"></a>
    <hr>
    <p align="center">&copy;版权所有 上海市工程技术管理学校</p>
</body>
```

```
</html>
```

图像超链接的显示效果如图 4-1-3 所示。

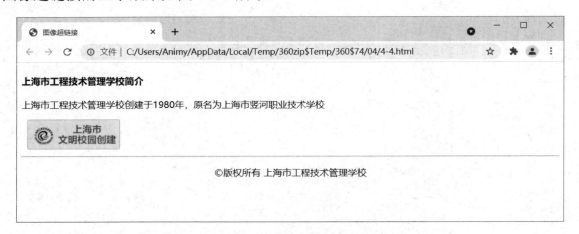

图 4-1-3　图像超链接的显示效果

在浏览器中，单击图像超链接，可以打开指定的网页。

4.2 链接至锚点

当网页较长时，浏览者需要拖动滚动条浏览整个网页。锚点类似于 Word 文档中的书签，可以使浏览器快速定位到当前网页的特定位置或另一网页的特定位置。常见的位置有网页的顶部、底部，以及特定的内容。

4.2.1　创建锚点

在创建锚点超链接前，首先应该在网页中创建锚点并为其命名，然后再创建指向它的超链接。

<a>标签也可以用来创建锚点，代码如下：

```
<h4><a name="top">学校简介</a></h4>
```

代码说明：上述代码在文本"学校简介"处创建一个锚点，命名为"top"。

需要注意的是，锚点的命名只能包含小写的 ASCII 码和数字，不能以数字开始，并且同一个网页中不能出现相同名称的锚点。

4.2.2　链接至锚点

使用<a>标签创建指向锚点的超链接，代码如下。

```
<h4><a href="#top">返回顶部</a></h4>
```

代码说明：上述代码中的超链接指向锚点"top"。通过锚点和超链接，浏览者可以快速地在网页中定位相关的信息。

【实例 4-5】锚点超链接的示例，代码如下。

```
<!DOCTYPE html>
<html>
<head>
    <title>锚点超链接</title>
    <meta charset="UTF-8">
</head>
<body>
    <h4> <a name="top">学校简介</a> </h4>
    <p>上海市工程技术管理学校创建于 1980 年，原名为上海市竖河职业技术学校</p>
    <p>学校始终以"服务区域经济，成就学生未来"为己任。</p>
    <h4> <a href="#top">返回顶部</a> </h4>
    <hr>
    <p align="center">&copy;版权所有 上海市工程技术管理学校</p>
</body>
</html>
```

代码说明：上述代码中的粗体部分定义了锚点。首先在网页顶部定义了锚点"top"，然后在网页底部创建了锚点超链接，单击文本"返回顶部"，网页将会滚动至顶部。

链接至本站其他网页中的锚点，可以在锚点名称前面添加"网页文件名+#"，代码如下。

```
<h4><a href="default.html#top">返回顶部</a></h4>
```

代码说明：上述代码实现了跨网页定位，单击文本"返回顶部"，浏览器在打开 default.html 网页的同时定位到该网页的锚点"top"处。

4.3 ••• 其他超链接

除了上面介绍的文本、图像和锚点超链接，<a>标签还可以在网页中启动邮件发送程序、下载文件、链接到某个文档并试图将其打开，如 Word 文档、Excel 表格或图像文件。

4.3.1　电子邮件

在网页中创建邮件链接，便于用户发送邮件。当用户单击邮件超链接时，浏览器将启动系统默认的邮件收发程序，代码如下。

```
<a href="mailto:邮件地址"></a>"
```

代码说明：创建电子邮件超链接时，href属性的值是"mailto:"，后面紧跟邮件地址。

【实例4-6】电子邮件超链接的示例，代码如下。

```
<!DOCTYPE html>
<html>
<head>
    <title>电子邮件超链接</title>
    <meta charset="UTF-8">
</head>
<body>
    <h4>上海市工程技术管理学校简介</h4>
    <p>上海市工程技术管理学校创建于1980年，原名为上海市竖河职业技术学校</p>
    <a href="mailto:master@shetms.com">发送邮件</a>
    <hr>
    <p align="center">&copy;版权所有 上海市工程技术管理学校</p>
</body>
</html>
```

代码说明：打开上述网页，单击"发送"按钮，系统将发送邮件。"新邮件"窗口如图 4-3-1 所示。

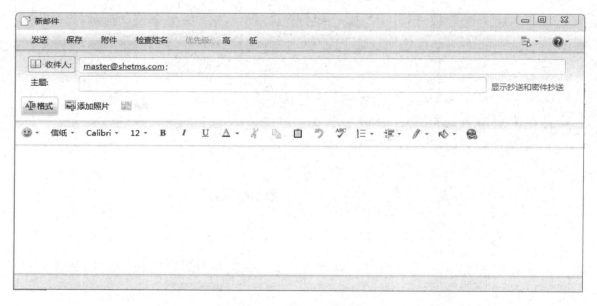

图 4-3-1 "新邮件"窗口

如图 4-3-1 所示，收件人的电子邮件已在超链接的 href 属性中指定，不必再次输入。

4.3.2 文件链接

超链接可以链接至某个文件。当用户单击超链接后，浏览器将根据文件类型和本机安装的软件决定以何种方式处理文件，常见的处理文件的方式是打开文件，或是下载文件。

例如，创建文件链接，代码如下。

```
<a href="URL"></a>
```

注意：URL 应该指向一个实际存在的资源，否则将引发资源无法定位的错误。

【实例 4-7】文件链接的示例。

在网页中创建 3 个文件链接，分别指向了 docx 文件、pdf 文件、rar 文件，代码如下。

```
<!DOCTYPE html>
<html>
<head>
    <title>打开文件</title>
    <meta charset="UTF-8">
</head>
<body>
    <h4><a href="doc.docx">查看 doc 文件</h4>
    <h4><a href="python.pdf">阅读 python.pdf</h4>
    <h4><a href="html.rar">下载文件</h4>
</body>
</html>
```

读者可以打开本书配套的源代码，进行测试。

4.4 ●●● 练习题

一、填空题

1．使用_____标签在网页中插入超链接，_____属性指向目标资源，运用_____属性可以指定超链接打开的位置，其默认值为_____，取值_____可在新窗口打开超链接。

2．将_____标签放置在<a>标签和</a>标签内可以实现图像超链接。

3．创建锚点超链接可以使用_____属性，电子邮件超链接的语法是_____。

二、操作题

创建超链接，如图 4-4-1 所示，将第 2 个超链接的目标窗口定义为新窗口。

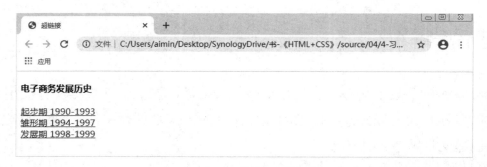

图 4-4-1　超链接

第5章
CSS 快速入门

在过去，Web 前端开发人员只能利用 HTML 标签和属性对网页进行美化。随着 HTML 版本不断地更新，一些美化网页的标签和属性逐渐被删除了，这使得使用传统方法美化网页也变得不再可能。

取而代之的，Cascading Style Sheet（简称层叠样式表或者 CSS）帮助 HTML 实现了对网页的美化。CSS 是一种描述网页元素样式的标记性语言，它可以控制网页布局或元素的定位方式，控制字体、颜色、背景、图像、边框等样式，以及改变列表和超链接等元素的默认外观。

如今，HTML 几乎总是与 CSS 融合在一起，HTML 负责定义网页结构和网页元素，CSS 负责定义元素的外观，美化网页。

本章是 CSS 快速入门，主要介绍 CSS 的定义和使用方法、CSS 的基本语法、选择器的概念，以及常用选择器的定义和使用方法，最后介绍 CSS 的命名方式和优先级等知识。

5.1 ••• CSS 预备知识

CSS 是非编程语言，它不像 HTML 有着严谨的结构，更像一个存储样式的集合或者数组。CSS 包含属性和属性值，如颜色是什么、宽度是多少等。

下面的例子将会由浅入深，循序渐进地介绍 CSS 基础知识和应用方法。

前面介绍了运用 HTML 的 width 属性、height 属性可以设置图像的宽度、高度。下面的代码运用 HTML 属性定义图像的宽度为 500px、高度为 300px。

```
<img width="500" height="300">
```

运用 CSS 同样也能实现上述样式的定义，代码如下。

```
<img style="width:500px;height:300px;>
```

代码说明：代码中的 style 属性用来定义 CSS 样式，它的属性值包含了 2 个样式：width:500px、height:300px，样式名称和值之间使用 ":" 分隔，各样式之间运用 ";" 分隔。

从上面两个示例可以看出，HTML 属性和 CSS 属性存在同名的情况或者相似情况。但是请注意，这两者是不同的概念且具有各自的代码，区别之一是：HTML 属性的值不需要添加单位，而在 CSS 中必须明确具体的单位，如 500px 等。

另外，上述例子中仅对单个标签运用了样式（后续称为内联样式），这些样式对于其他元素是无效的吗？其实不然，CSS 样式可以运用到单个网页，甚至是多个网页中某种标签的所有实例，是相当灵活的。

CSS 属性众多，这为定义网页丰富的样式打下了基础，而且 CSS 属性有规律可循、记忆方便，一旦找准了主要的样式，就会举一反三。本书不再打算继续介绍 CSS 样式及相关的属性，随着内容的展开，读者将会接触到更多的样式及其作用。

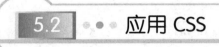

5.2 ●●● 应用 CSS

前面介绍了样式的基础知识，也介绍了将 CSS 嵌入 HTML 的方法，这种方法是最基本的应用方法。在进行 Web 前端开发时，除了上述应用方法，还可以使用 HTML 的<style>标签在网页头部定义 CSS；甚至可以把 CSS 的代码保存在一个单独文件中，使用<link>标签导入网页。

5.2.1 内联样式

所谓的内联样式，是指利用 style 属性将 CSS 嵌入 HTML 标签。上一节中介绍的 CSS 均是内联样式。

使用内联样式，只需将 CSS 代码编写在标签的 style 属性值中。

【实例 5-1】内联样式的示例。

在网页中定义两个内联样式，分别作用于相应的<h1>标签和<p>标签，代码如下。

```
<!DOCTYPE html>
<html>
<head>
    <meta charset = "UTF-8">
    <title>内联样式</title>
</head>
<body>
    <h1 style="color:red;background-color:yellow;"> 黄色背景红色文字</h1>
    <p style="color:blue;font-size:18px">蓝色文字，字体大小 18 像素</p>
</body>
```

```
</html>
```

内联样式的显示效果如图 5-2-1 所示。

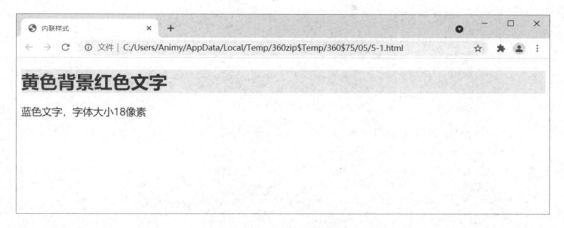

图 5-2-1　内联样式的显示效果

内联样式是 HTML 标签的一部分，对特定元素样式的定义很灵活，但往往会造成代码重复编写，通常情况下并不推荐使用，只在调试局部元素的样式时适用。

5.2.2　内部样式

如果有多个标签使用相同的样式，那么使用内联样式就会使得代码变得冗余，代码如下。

```
<body>
    <h1 style="color:red;background-color:yellow;">标题 1</h1>
    <p style="color:blue;font-size:18px">段落文本</p>
    <h1 style="color:red;background-color:yellow;">标题 2</h1>
    <p style="color:blue;font-size:18px">段落文本</p>
</body>
```

显然，上述代码中的两个<h1>标签使用了相同的样式。

```
<h1 style="color:red;background-color:yellow;">
```

上述代码中的两个<p>标签也使用了相同的样式。

```
<p style="color:blue;font-size:18px">
```

上述代码使用内联样式为元素定义了相同的样式，显然重复编写了相同的代码。然而，内部样式可以完美地解决这一问题。

定义内部样式，首先定义<h1>标签样式，代码如下。

```
h1{
    color: red;
    background-color: yellow;
}
```

代码说明：代码中 h1 指定了网页中<h1>标签使用了内部样式，"{}"内编写具体的样式，可以是一条也可以是多条。和内联样式一样，各个样式之间也是通过"；"分隔。

同理，定义\<p\>标签的样式，代码如下。

```
p{
  color:blue;
  font-size:18px;
}
```

代码说明：这段代码中，定义\<p\>标签的文本颜色为蓝色，字体大小 18px。

在网页中应用内部样式，利用\<style\>标签将相关的样式包围起来，放在 HTML 文档头部的\<head\>标签中，代码如下。

```
<head>
……
<style type="text/css">
   h1 {
      color: red;
      background-color: yellow;
   }
   p{
      color:blue;
      font-size:18px;
   }
</style>
……
</head>
```

【实例 5-2】应用内部样式的示例。

本示例演示了内部样式的编写方法和在文档中的位置，以及 HTML 调用内部样式的方法，代码如下。

```
<!DOCTYPE html>
<html>
<head>
   <meta charset = "UTF-8">
   <title>内部样式</title>
   <style type="text/css">
       h1{
           color:red;
           background-color:yellow;
       }
       p{
```

```
            color:blue;
            font-size:18px;
        }
    </style>
</head>
<body>
    <h1>黄色背景红色文字</h1>
    <p>蓝色文字，大小 18 像素</p>
</body>
</html>
```

代码说明：上述代码中所有的<h1>标签和<p>标签之间的文字都使用定义的 CSS 来展现。

虽然<style>标签可以放在 HTML 的其他位置，但是由于浏览器是自上而下扫描 HTML 文档的，将 CSS 放在头部更利于浏览器提前识别和加载。一旦样式被识别，浏览器就利用相应的样式渲染元素。

CSS 和 HTML 是两种不同的语言，结构良好的网页已经实现了 CSS 和 HTML 代码的分离，这样可以使得 HTML 文档的结构清晰明了。

实例 5-2 实现了这种分离方式，使 Web 前端开发人员可以专注于网页元素或网页样式。然而，由于它们存在于同一个 HTML 文档中，CSS 代码将直接影响 HTML 文档的长度，而且这种方式在物理上也没有实现两种代码的隔离。这些问题可以通过后面介绍的外部样式表解决。

5.2.3　外部样式

将 CSS 代码和 HTML 代码彻底分离，或者当有多个网页元素引用相同的样式时，外部样式表的应用显得尤为重要：将HTML头部<style>标签内的CSS代码保存在一个文本文件中（后续称为外部样式表），并将其后缀命名为 css，之后在 HTML 头部使用<link>标签引入该文件即可。

引入外部样式，代码如下。

```
<link href="URL" rel="stylesheet" type="text/css" >
```

代码说明：href 属性值 URL 指向了外部样式文件所在的路径，除此之外的代码都是固定结构。

【实例 5-3】应用外部样式。

本例介绍外部样式的制作方法，以及如何在 HTML 文档中引入外部样式。

请按照以下步骤完成外部样式的制作，以及在网页中引用外部样式。

（1）在网站文件夹下创建 CSS 文件夹。

（2）复制实例 5-2 代码中的<style>标签内的代码，粘贴至文本编辑器，将其命名为

default.css，保存在 css 文件夹中，代码如下。

```
h1{
    color: red;
    background-color: yellow;
}
p{
    color:blue;
    font-size:18px;
}
```

（3）在 default.css 文件顶部添加以下代码，用于定义样式表文件的字符编码。

```
@charset "UTF-8";
```

（4）删除 HTML 文档<style>标签中的部分代码，并在头部添加<link>标签导入样式表文件，代码如下。

```
<!DOCTYPE html>
<html>
<head>
    <meta charset = "UTF-8">
    <title>外部样式</title>
    <link rel="stylesheet" type="text/css" href="css/default.css">
</head>
<body>
    <h1>黄色背景红色文字</h1>
    <p>蓝色文字，大小 18 像素</p>
</body>
</html>
```

外部样式是应用 CSS 的最优方案。在实际的 Web 前端项目中，一个样式表可以被多个 HTML 文档引用，一个 HTML 文档也可以引入多个外部 CSS 文件。通常，在不同的 CSS 文件中编写不同类别的样式。

导入多个样式表只需在 HTML 头部多次引入样式表即可，代码如下。

```
<link rel="stylesheet" type="text/css" href="css/default.css">
<link rel="stylesheet" type="text/css" href="css/main.css">
```

5.3　CSS 语法基础

前面已经介绍了 CSS 的定义和使用方法，下面进一步介绍 CSS 基本语法。

回顾之前定义<h1>标签样式的方法，代码如下。

```
h1{
    color: red;
    background-color: yellow;
}
```

CSS 由两部分构成：选择器和样式声明。

一、选择器

上例中 h1 称为选择器，选择器的名字可以是 p、body 等 HTML 标签，也可以自定义，它的主要作用是将样式应用到 HTML 文档中对应的标签中。

二、样式列表

定义了选择器名称后，随后声明样式。样式在选择器名称后的"{}"内定义，每行定义一条样式，以";"分隔。

样式的定义包括属性和属性值。

代码如下。

```
CSS 属性:属性值;
```

代码说明：属性是 CSS 的核心，CSS 定义了数量众多的属性，除了前面介绍的诸如文字的颜色、字号、背景等外，还包括了定位、布局、边框、列表等属性。

与属性相对应的是属性值，用于描述属性的特性。属性值有多种类型，如 16px，16 表示数值，px 表示像素；它也可以是一个百分数，如 30%。使用百分数一般参照父元素计算从而确定具体的属性值，与之前介绍的图像宽度类似；或枚举值。例如，表示对齐方式的 right、center 和 left 等。

例如，定义背景为灰色，代码如下。

```
background-color:gray;
```

又如，定义颜色为红色，代码如下。

```
color:red;
```

再如，定义文字大小为 20px，代码如下。

```
font-size:20px;
```

【实例 5-4】运用 CSS 的示例，代码如下。

```
<!DOCTYPE html>
<html>
<head>
    <title>css 语法</title>
    <meta charset="UTF-8">
    <style type="text/css">
```

```
        body{
            text-align:center;
        }
        h3{
            color:blue;
            font-style:italic;
        }
        p{
            text-align:left;
        }
        h4{
            font-family:"楷体";
            color:gray;
        }
    </style>
</head>
<body>
    <h3>上海市工程技术管理学校简介</h3>
    <hr style="width:98%">
    <p>上海市工程技术管理学校创建于1980年，原名为上海市竖河职业技术学校，1992年被认
        定为"省级重点职业高中"，1996年被教育部命名为"全国重点职业高中"，2010年更名
        为上海市工程技术管理学校，2014年通过教育部"中等职业教育改革发展示范学校"评估
        验收。</p>
    <hr style="width:88%">
    <h4>&copy;版权所有 上海市工程技术管理学校</h4>
</body>
</html>
```

代码说明：上例为<body>标签、<h3>标签、<p>标签、<h4>标签分别定义了对齐方式、文字颜色、斜体、字体等样式，运用 CSS 的显示效果如图 5-3-1 所示：

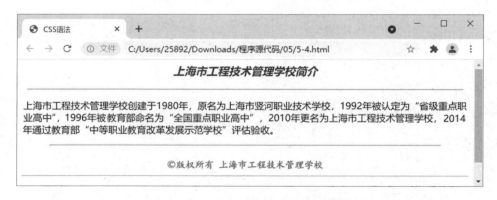

图 5-3-1　运用 CSS 的显示效果

利用选择器可以将 CSS 样式与对应的 HTML 标签关联，是 CSS 尤为重要的概念。

通俗地讲，CSS 选择器用于确定样式作用于网页中的哪些元素。然而网页中的元素众多，表现方式也各不相同，需要提供多种选择器才能满足 Web 前端开发的需要。幸运的是，CSS 提供了 Web 前端开发所需的各类选择器，并一直在扩展。

下面介绍常用的选择器。

5.4.1　标签选择器

标签选择器的主要功能是匹配 HTML 标签。前面介绍的 p、hr 均是标签选择器。实际上，几乎所有的 HTML 标签都可以作为标签选择器。

例如，下面的代码创建了 body、p、h1 这 3 个标签选择器，以及为标签选择器定义了相应的 CSS 代码。

```
body{
    background-color:gray                /*定义背景色为灰色*/
}
p{
    text-align:left;                     /*定义对齐方式为左对齐*/
}
h1{
    color:blue;
}
```

代码说明：上述代码定义了 3 个标签选择器，分别为 body、p、h1，并分别定义了相关的样式，这些样式将直接应用到网页中所有的该类标签。

可见标签选择器使用起来很便捷，但是如果使用不得当将会给网页设计增添潜在的风险，代码如下。

```
p{
    font-size:16px;
    color:blue;
}
```

代码说明：上例定义了标签选择器 p 和<p>标签上的样式，则网页中所有使用<p>标签和</p>标签包围起来的文字都将采用统一的样式：蓝色、文字大小 16px。可以说标签选择器是全局范围一刀切，如果调整其样式，势必会影响到所有的<p>标签，代码如下。

```
p{
    font-size:18px;
    color:blue;
}
```

代码说明：将粗体代码修改为 font-size:18px，则网页中所有使用<p>标签和</p>标签包围起来的文字大小将被调整为 18px。然而，目标是将该类标签的部分文本颜色设置为蓝色，另一部分文本颜色设置为绿色，这时标签选择器显然有些力不从心。虽然可以通过内联样式解决这个问题，但这并不是正确的解决方法。

当为某个网页定义统一风格的时候，如统一网页中的字体、对齐方式、项目列表符号等，使用标签选择器是合适的。但是，当标签具有不同样式的时候，应使用 class 选择器。

5.4.2　class 选择器

将所定义的样式应用到网页中所有该类标签是标签选择器最大的缺陷，class 选择器（后续也称为类选择器）能够避免这一问题，它可以为相同的标签应用不同的样式。

class 选择器主要用于定义某种相同的样式，或者为某些标签指定类选择器。

一、定义 class 选择器

标签选择器直接以标签类型命名，类选择器则使用自定义名称。

定义 class 选择器时先输入"."号，紧接着的是类名，类名应具有某种含义。其样式的定义方法，以及本书后续介绍的其他选择器的定义方法和标签选择器是一致的，代码如下。

```
.blue{
    color:blue;
    font-style:italic;
}
```

代码说明：上例定义了名称为 blue 的 class 选择器，对应的样式是文本颜色为蓝色、文本样式为斜体。

又如：

```
.gray{
    font-family:"宋体";
    font-size:14px;
    color:gray;
}
```

代码说明：上例定义了名称为 gray 的 class 选择器，对应的样式是字体为宋体、字体大小为 14px、颜色为灰色。

二、引用 class 选择器

在网页元素引用类选择器之前，应该先为相应的标签定义 class 属性，class 属性值对应了 class 选择器的名称，代码如下。

```
<h3 class="blue"></h3>
```

代码说明：上例中的<h3>标签引用类选择器 blue。即<h3>标签除了使用默认的样式外，还应该运用类选择器 blue 定义的样式。

【实例 5-5】标签选择器和 class 选择器组合的应用。

示例演示了网页元素运用标签选择器和 class 选择器的方法，请注意 class 选择器及样式的定义方法，以及 HTML 引用 class 选择器的方法，代码如下。

```
<!DOCTYPE html>
<html>
<head>
    <meta charset = "UTF-8">
    <title>class 选择器</title>
    <style  type = "text/css">
        p{
            font-family:"楷体";
            font-size:18px;
        }
        h3{
            color:black;
            font-style:normal;
        }
        .blue{
            color:blue;
            font-style:italic;
        }
        .gray{
            font-family:"宋体";
            font-size:14px;
            color:gray;
        }
    </style>
</head>
<body>
    <h3>上海市工程技术管理学校</h3>
    <hr>
```

```
<h3 class="title">学校简介</h3>
<p>上海市工程技术管理学校创建于1980年，原名为上海市竖河职业技术学校</p>
<hr>
<p class="gray">&copy;版权所有 上海市工程技术管理学校</p>
</body>
</html>
```

代码说明：这段代码定义了两个标签选择器：p 和 h3，以及 2 个 class 选择器：blue 和 gray。它们在浏览器中的解析过程大致如下。

（1）浏览器首先读取内部样式；随后读取<body>标签内的代码，从第一行开始。

（2）由于<h3>标签未定义 class 属性，则应用标签选择器 h3 定义的样式显示文本。

（3）当读取代码<h3 class="title">时，浏览器首先应用 h3 标签选择器定义的样式，随后读取并应用类选择器 blue 定义的样式。如果两者发生冲突，则以类选择器 blue 定义的样式为准。

代码<p class="gray">的解析和显示过程和上述一致。

class 选择器的显示效果如图 5-4-1 所示。

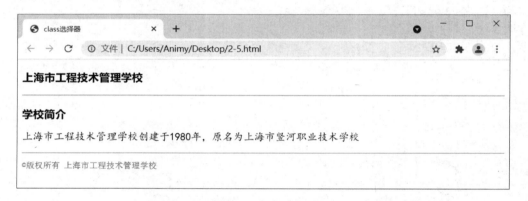

图 5-4-1　class 选择器的显示效果

class 选择器可以将相同的样式合并为一类，并在网页中被反复引用，能够有效地精简代码，对代码的可读性也有很大提高。

对于 class 选择器的命名应该充分体现样式的描述性，能够一目了然地领会名称所表达的含义。例如，.red、.blue、.underline、.big、.small 等。本书的后续章节将介绍相关的命名方式。

class 选择器具有强大的功能和灵活性，因此可能会被滥用。为了精准地控制元素的呈现效果，初学者往往喜欢在大部分的元素中使用类选择器，然而这样往往会增加代码的复杂度和维护的难度。一般应减少使用 class，只在具有共同样式的时候使用。

5.4.3 id 选择器

一、定义 id 选择器

与类选择器不同的是，id 选择器只能作用于网页中唯一的元素。将定义 class 选择器的符

号 "." 替换成 "#" 即为 id 选择器，代码如下。

```
#title{
    color:blue;
    font-style:italic;
}
#content{
    font-family:"宋体";
    font-size:14px;
    color:gray;
}
```

代码说明：粗体代码定义了两个 id 选择器：title 和 content。

二、引用 id 选择器

id 选择器和 class 选择器一样，在引用 id 选择器之前，应该先为网页中的标签定义 id 属性，代码如下。

```
<h3 id="title">
```

代码说明：上例<h3>标签的 id 属性值 title 指向了 id 选择器，它将应用 id 选择器定义的样式。

【实例 5-6】定义和引用 id 选择器。

id 选择器及其样式的定义方法，以及 HTML 文档中引用 id 选择器的方法，代码如下。

```
<!doctype html>
<html>
<head>
    <meta charset="UTF-8">
    <title>id 选择器</title>
    <style type="text/css">
        #title{
            font-size:18px;
            font-style:italic;
            font-weight:bold;
            color: blue;
        }
        #content{
            font-size:16px;
            color:gray;
        }
    </style>
</head>
```

```
<body>
    <p id="title">上海市工程技术管理学校</p>
    <p id="content">上海市工程技术管理学校创建于 1980 年，原名为上海市竖河职业</p>
</body>
</html>
```

代码说明：这段代码定义了两个 id 选择器：title 和 content，分别作用于<p id="title">标签和<p id="content">标签，其在浏览器中的解析的过程与类选择器类似。id 选择器的显示效果如图 5-4-2 所示。

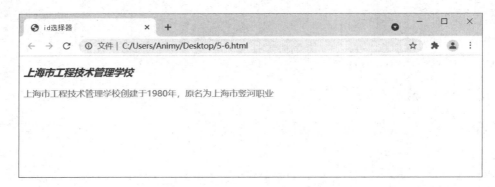

图 5-4-2　id 选择器的显示效果

虽然 HTML 文档不区分大小写，但是 class 选择器和 id 选择器的名称区分大小写，即标签的 class 或 id 属性值必须与相应的选择器名称保持一致。

例如：

```
<p id="Title">上海市工程技术管理学校</p>
```

代码说明：将"title"修改为"Title"后，该标签将不再引用 id 选择器 title 所定义的样式。

虽然浏览器能够识别网页中有多个标签使用了相同的 id 选择器，但是，当网页中的 JavaScript 代码通过 getElementByID()函数调用某个标签时，或者 web 服务端通过 id 选择器获取网页提交的用户名、密码等信息时，可能会出现错误。所以，养成良好的编码习惯，确保在单个网页的所有标签中仅引用一次 id 选择器。

对于 id 选择器的命名，应使其能够体现元素所处的文档结构或位置。例如，使用 header、nav、footer、content 等名称。

5.4.4　通用选择器

在很多系统中，"*"表示"所有"。例如，在 Windows 系统中"*"表示任意字符。在 CSS 中，"*"用于定义通用选择器，它所定义的样式将应用到网页中所有的元素，代码如下。

```
*{
    font-size:14px;
}
```

代码说明：上例定义了文本大小为 14px，这将运用到网页中所有的文本。

通用选择器在网站的 CSS 初始化代码中应用较为广泛。例如，可以定义文本颜色，对齐方式等样式。某网站的 CSS 初始化代码如下。

```
html {overflow-y:scroll;}
body {margin:0; padding:0;font:12px,sans-serif;background:#ffffff;}
div,ul,ol,li,,pre,form,input,textarea,p{padding:0; margin:0;}
table,td,tr,th{font-size:12px;}
li{list-style-type:none;}
img{vertical-align:top;border:0;}
ol,ul {list-style:none;}
h1,h2,h3,h4,h5,h6{font-size:12px; font-weight:normal;}
address,cite,code,em,th {font-weight:normal; font-style:normal;}
```

在进行 Web 前端开发之前，应该仔细分析网页中各元素的共性，从而确定网页中 CSS 初始化代码。

5.4.5　选择器组合

选择器组合不是 CSS 标准的选择器，而是选择器的一种使用方法。将样式应用到多个选择器时可以使用选择器组合，运用 "，" 分隔各选择器，代码如下。

```
h3,h4,h5{
    color:red;
    font-weight:bold;
}
```

代码说明：运用选择器组合之前，首要的是确定它们共同的属性。上例组合了 h3、h4、h5 这 3 个标签选择器，并在 "{}" 内定义了它们共同的样式，这些样式将应用到上述标签对应的文字中。

选择器组合相当于 CSS 样式，代码如下。

```
h3{
    color:red;
    font-weight:bold;
}
h4{
    color:red;
    font-weight:bold;
}
h5{
    color:red;
```

```
    font-weight:bold;
}
```

显然，适当地运用选择器组合可以在一定程度上避免代码冗余，优化代码结构。

仔细观察下述代码定义的两个类选择器 class1 和 class2。

```
.class1{
    font-size:14px;
    font-weight:bold;
    text-decoration:underline;
    color:red;
}
.class2{
    font-size:14px;
    font-weight:bold;
    text-decoration:underline;
    color:blue;
}
```

对上例代码分析后可以归纳得出以下 3 个共同的样式，代码如下。

```
{
    font-size:14px;
    font-weight:bold;
    text-decoration:underline;
}
```

下述代码运用选择器分组的方法可以实现上例相同的样式。

```
.class1,.class2{
    font-size:14px;
    font-weight:bold;
    text-decoration:underline;
}
.red{
    Color:red;
}
.blue{
    Color:blue;
}
```

【实例 5-7】组合选择器的运用，代码如下。

```
<!doctype html>
<html>
<head>
```

```
<meta charset="UTF-8">
<title>组合选择器</title>
<style type="text/css">
    .class1,.class2{
        font-size:14px;
        font-weight:bold;
        text-decoration:underline;
    }
    .red{
        Color:red;
    }
    .blue{
        Color:blue;
    }
</style>
</head>
<body>
    <p class="class1 red">上海市工程技术管理学校</p>
    <p class="class2 blue">上海市工程技术管理学校</p>
</body>
</html>
```

代码说明：这段代码使用了组合选择器以及<p>标签应用多个选择器的方法。在网页定义了选择器组合".class1，.class2"，类选择器 red、blue。第一个<p>标签将同时使用类选择器 class1 和 red 定义的样式，第二个<p>标签也将同时应用类选择器 class2 和 blue 定义的样式。

组合选择器的显示效果如图 5-4-3 所示。

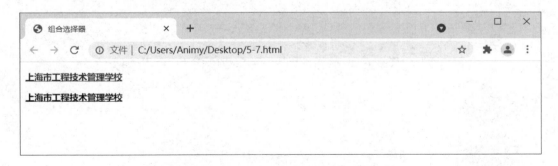

图 5-4-3　组合选择器的显示效果

5.4.6　包含选择器

包含选择器又称为后代选择器，它将样式运用到元素的子元素中。包含选择器的运作原理是建立在 HTML 文档结构的基础上的。

将样式应用到<a>标签的子元素<img>标签，代码如下。

```
<a><img src="URL"></a>
```

为这段代码定义样式，需要使用包含选择器，代码如下。

```
a img{
    width:200px;
    height:150px;
}
```

代码说明：这段代码定义的样式只匹配<a>标签中的<img>标签，对于没有包含在<a>标签中的<img>标签将不受影响。请注意，a 和 img 之间必须以空格分隔，前者是父元素，后者是子元素。

包含选择器可以多层嵌套，对样式的应用更为灵活和精准。

【实例5-8】包含选择器的多级嵌套示例，代码如下。

```
<ul>
    <li><a href=""><img src="images/button.jpg"></a></li>
    <li><a href="URL"><img src="images/button.jpg"></a></li>
</ul>
```

代码说明：分析上述 HTML 代码中各元素的层次关系，从父到子依次为：<ul>标签→<li>标签→<a>标签→<img>标签，依照该次序定义包含选择器，代码如下。

```
ul li a img{
    width:100px;
    height:75px;
}
```

代码说明：这段代码使用<img>标签定义样式，图片的宽度为 100px，高度为 75px。包含选择器的显示效果如图 5-4-4 所示。

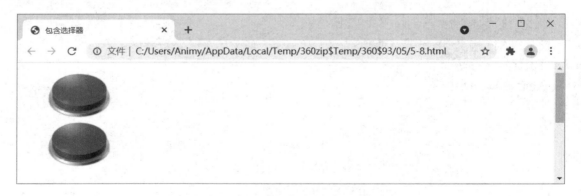

图 5-4-4　包含选择器的显示效果

包含选择器与类选择器不一样，在上例中为<img>标签定义类选择器也能实现相同的样式。但是包含选择器更能突出元素之间的关系，而类选择器是达不到这一效果的。

5.4.7　元素指定选择器

元素指定选择器用于为元素指定 id 选择器或者 class 选择器，代码如下。

```
p.content{
    font-size:20px;
    color:blue;
}
```

代码说明：这段代码中，<p>标签指定了 content 选择器，对应的样式将匹配下述代码中的<p>标签。

```
<p class="content">文本</p>
```

又如，为<p>标签指定 id 选择器，代码如下。

```
p#title{
    font-size:30px;
    color:blue;
}
```

代码说明：上例为<p>标签指定 id 选择器 title，将它应用到如下代码中的<p>标签，代码如下。

```
<p id="title">文本</p>
```

【实例 5-9】元素指定选择器的示例，代码如下。

```
<!doctype html>
<html>
<head>
    <meta charset="UTF-8">
    <title>元素指定选择器</title>
    <style type="text/css">
        p.content{
            font-size:18px;
            color:blue;
        }
        p#title{
            font-size:23px;
            color:gray;
        }
    </style>
</head>
```

```
<body>
    <p id="title">元素指定选择器</p>
    <p class="content">元素指定选择器</p>
</body>
</html>
```

代码说明：这段代码定义了元素指定选择器：p.content 和 p#title，以及应用样式的方法。元素指定选择器的显示效果如图 5-4-5 所示。

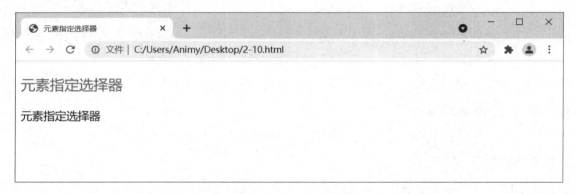

图 5-4-5　元素指定选择器的显示效果

需要注意的是，上例中元素指定选择器"p.content"中间不能有空格，否则就变成之前介绍的包含选择器。

【实例 5-10】元素指定选择器与包含选择器的比较示例。（请注意以下两组 CSS 代码的区别。）

```
/*元素指定选择器*/
a.cart{
    font-size:20px;
    color:blue;
}
/*包含选择器*/
a.cart img{
    font-size:20px;
    color:blue;
}
```

代码说明：这段代码中，a.cart 是元素指定选择器，相关的样式将匹配如下<a>标签。

```
<a class="cart"><a>
```

a.cart 是包含选择器，运用于如下<img>标签。

```
<a><img class="cart" src="URL"></a>
```

读者应仔细区分上述两种选择器的编写方法，以及在 HTML 引用这些选择器的方法，切勿混淆。

5.5　CSS 命名

由于 CSS 的命名对网页的展现没有直接影响，因此容易被初学者忽视。然而，随着代码的不断增加，代码的维护会变得愈加困难。这时候，Web 前端开发人员会发现命名的重要性。

因此，初学者应该从一开始就重视 CSS 命名的规范，形成良好的编码习惯，这对于提高代码的质量，对于网站的维护和二次开发都将有重要的影响。

5.5.1　驼峰式命名法

驼峰式命名法最初是在编写程序时使用的一套命名规则。这套命名规则规定了当变量名和函数名称是由两个或多个单词组合在一起构成的唯一识别字时，利用"驼峰式大小写"来表示，可以增加变量和函数的可读性。

在 CSS 中使用"驼峰式命名法"是行之有效的命名方法之一，这种方法规定了单词之间不以空格、连接号或者底线连接。例如，不能写成 camel case、camel-case、camel_case，而是采用直接拼接单词并赋予首字母大写的形式。

驼峰式命名法有两种格式：小驼峰式与大驼峰式命名法。

（1）小驼峰式命名法（lower camel case）。第一个单词以小写字母开始，第二个单词的首字母大写，如 mainNav、lastName。

（2）大驼峰式命名法（upper camel case）。每一个单词的首字母都采用大写字母，如 FirstName、LastName、CamelCase，也被称为 Pascal 命名法。驼峰式大小写命名规则可视为一种惯例，并无绝对，目的是提高识别性和可读性。在网页开发中一旦选定了某种命名规则，则应在整个项目中始终保持一致的格式。

5.5.2　命名方法

养成良好的代码编写习惯，优化代码的命名对每个网页设计师至关重要。命名要反映用途或相关信息，可以使用缩写，但是应该符合行业的默认约定。下面总结的是一些约定俗成的命名规范。

一、语义化命名

对网页元素的 id 命名时，可以考虑使用元素所在位置的单词为其命名，代码如下。

```
id="header";
id="sidebar";
id="right";
```

代码说明：上例中 **id** 命名均是根据位置命名的，分别表示了头部、边栏和网页右栏。

对于网页元素的 **class** 命名，通常可以采用样式语义化来定义名称，代码如下。

```
.blue{
    color:red
}
.font12px{
    font-size:12px;
}
.right{
    float:right
}
```

二、结构化命名

结构化命名的方式是根据元素所处的文档结构来进行描述的，代码如下。

```
id="main_nav";
id="main_content";
id="sub_title";
```

代码说明：上例是根据元素所在的文档结构进行了命名，分别表示主导航、主要内容和子标题。

运用上述命名方式，可以有效地帮助网页设计师优化代码结构。

三、CSS 约定命名

随着网页前端开发技术的不断成熟，Web 前端工程师设计了一套可供复用的名称，使用这些名称可以精确地描述特定的含义。下面的表格总结了一些常用的名称列表，是从各大网页中汇总而成的，深受工程师青睐，如表 5-1～表 5-4 所示。

表 5-1　网页结构命名

名称	命名	名称	命名
容器	container	页头	header
内容	content/container	网页主体	main
页尾	footer	导航	nav
侧栏	sidebar	栏目	column

表 5-2　导航命名

名称	命名	名称	命名
导航	nav	主导航	mainNav
子导航	subnav	边导航	sideBar
左导航	leftSideBar	右导航	rightSideBar
菜单	menu	子菜单	subMenu
标题	title	摘要	summary

表 5-3　网页功能区域命名

名称	命名	名称	命名
标志	logo	广告	banner
登录	login	登录条	loginbar
注册	regsiter	搜索	search
加入	joinus	状态	status
按钮	button	滚动	scroll
标签页	tab	文章列表	list
提示信息	message	当前的	current
小技巧	tips	图标	icon
注释	note	指南	guild
服务	service	热点	hot
新闻	news	下载	download
投票	vote	合作伙伴	partner
友情链接	link	版权	copyright

表 5-4　CSS 文件命名

文件名	含义
global.css	全局样式为全站公用，为网页样式基础，网页中必须包含
layout.css	结构，网页结构类型复杂，并且公用类型较多时使用。多用在首页级网页和产品类网页中
style.css	私有，独立网页所使用的样式文件，网页中必须包含
module.css	模块，产品类网页应用，将可复用类模块进行剥离后，可与其他样式配合使用
themes.css	主题，实现换肤功能时应用

5.5.3　代码规范

　　CSS 编码应遵守一定的基本规范，尤其在团队合作完成项目的时候就会显得尤为重要。简单地说，就是要求代码直观、简洁，便于日后的维护和交流。

（1）class 选择器和 id 选择器名称定义和引用一致，不能使用标签名字。

（2）尽可能提高代码模块的复用，样式尽量用组合的方式。

（3）避免 class 与 id 重名。

（4）样式与结构分离，尽量不要使用 style 行内样式。

（5）每行编写一个样式，用";"分隔，不要一行写多个样式，代码如下。

```
p{
    font-size:16px;
    color:blue;
}
```

（6）注释的写法，文本与"*"空一格，代码如下。

```
/* 单行 */
/**
 * 多行
 * 注释
 */
```

（7）在 CSS 文件第一行编写指定字符编码，代码如下。

```
@charset "UTF-8";
```

5.6 优先级

CSS 样式的顺序和优先级是网页学习者遇到的具有挑战性的内容。或许在 Web 前端开发时有些 CSS 样式无效，看似是浏览器忽略了这些代码。然而，这可能是由于 CSS 的顺序或优先级引发的问题。下面尝试探讨顺序和优先级是什么，以及它们是如何影响网页的样式的。

CSS 样式可以通过多种方式指定，包括内联样式、内部样式、外部样式，但最终它们都将合并为一个样式表。有时，在多个位置编写相似的样式，样式表之间会发生冲突或者造成混淆，从而影响样式的合并以及最终的展示。

样式通过以下 4 种方式读取：浏览器默认的超链接文本是蓝色；样式表，如<head> </head>标签中定义的样式；通过<link>标签导入的外部样式；内联样式。浏览器按照就近原则为网页元素应用 CSS 样式，即最后出现的样式优先级最高。下面列出了各类样式的默认优先级。

（1）浏览器默认。

（2）外部样式。

（3）内部样式。

（4）内联样式。

下面通过实际的案例解释 CSS 优先级。

【实例 5-11】 CSS 优先级的示例。

本例讲解了外部样式、内部样式，以及内联样式的优先级。容器 box 定义了内联样式、内部样式，并且引用了外部样式 default.css，它们分别定义了背景色为黄色、灰色、蓝色。根据刚才介绍的优先级的概念，试想容器的背景将显示哪种颜色？

```html
<!DOCTYPE html>
<html>
<head>
    <meta charset="UTF-8"/>
    <title>css 优先级</title>
    <link href="css/style.css" rel="stylesheet" type="text/css"/>
    <style type="text/css">
      .box{
          border:1px solid red;
          width:250px;
          height:160px;
          background-color:gray;
        }
    </style>
</head>
<body>
    <div style="background:yellow;width:250px;height:160px;" class="box">
    </div>
</body>
</html>
```

style.css 代码：

```css
.box{
    width:250px;
    height:160px;
    background:blue;
}
```

代码说明：最终 box 背景颜色应用了内联样式中定义的黄色；如果去掉内联样式，将显示灰色；如果去掉内部样式，那么将显示蓝色。从而验证了 CSS 的优先级，即内联样式>内部样式>外部样式。

上面介绍了优先级的基础知识，除了这些规则，CSS 中还包括了 id 选择器、伪类、继承、通配符等元素，它们都有各自的优先级。由于这些知识已经超出了本书的范围，因此不再继续讲解，

最后只给出这些元素的优先级：内嵌样式>ID>类>标签|伪类|属性选择>伪对象>继承>通配符。

5.7 练习题

一、填空题

1．CSS 样式表中样式之间的分隔符是_____，属性和属性值之间的分隔符为_____。

2．CSS 样式表文件的扩展名是_____。

3．CSS 的内联样式在标签的_____属性内定义，内部样式放置在网页的_____，外部样式可以通过_____标签导入。

4．定义 id 选择器的时候应在 id 名称前面添加符号_____，定义类选择器是要在类名称前添加符号_____。

5．组合选择器使用_____符号分隔不同的选择器。

6．对于 CSS 应用样式的优先级从高到低的次序是：_____>_____>_____
_____。

二、简答题

1．请列举 id 选择器的常用命名。

2．简述常用的外部样式的命名。

三、操作题

1．定义 class 选择器 title。

要求：文字大小为 20px、粗体、对齐方式为左对齐、背景颜色为#E3E3E3。

2．定义 id 选择器 nav。

要求：文字大小为 18px、斜体、文本颜色为蓝色。

3．div1 和 div2 具有以下共同的样式：文字大小为 18px、粗体、斜体。请尝试使用组合选择器的方式为它们定义样式。

4．为以下代码中的<img>标签分别定义不同的样式。

要求：第 1 张图像的宽度和高度为 300px 和 200px；第 2 张图像的宽度和高度为 400px 和 300px。

```
<div class="newsLists">
    <img src="URL">
</div>
<div class="newsDetails">
```

```
    <img src="URL">
</div>
```

5．为以下代码中的<p>标签定义不同的样式。

要求：第 1 个段落中的文本居中对齐，文字大小为 18px；第 2 个段落左对齐，文字大小为 16px。

```
<p class="title">段落 1</p>
<p class="content">段落 2</p>
```

第 6 章

盒 模 型

　　Web 前端开发人员一般按照网页的功能划分板块，如网页的导航、新闻列表、广告、画廊等。过去，使用表格对网页进行布局是比较流行的方法，但是随着技术的不断更新，Web 设计师越来越趋向于将样式和网页元素分离，即基于<div>或区块的布局模式在网页设计与开发中越来越有吸引力。

　　本章介绍网页布局中最基本的<div>标签，以及盒模型的基本概念和定义方法；然后介绍盒模型的基本属性，包括圆角、阴影、可见性和溢出时的处理方式；最后介绍 HTML 的元素类型及其相互转换的方法。

6.1 ●●● 从<div>标签说起

　　div 是 division 的缩写，是区域或区块的意思。<div>标签是一种 HTML 标签，是网页中的容器，内部可以放置网页的各类元素，如文本、图片、视频等。

　　Web 前端开发人员为了网页布局考虑，通常会利用<div>标签将网页划分成若干个功能区域，运用 CSS 技术为每个区域定位并控制其展示的效果。

6.1.1 定义<div>标签

　　<div>标签是一个容器，利用 class 属性或 id 属性引用 CSS 样式。

　　定义<div>标签的方法如下。

```
<div>
网页元素；
</div>
```

【实例 6-1】创建区块以及运用 CSS 控制容器样式的示例。

　　示例在网页中放置了一个容器，并定义其宽度为 300px、高度 60px、背景为灰色，同时控制容器中文本的字体、字号、颜色以及对齐方式，代码如下所示。

```
div{
        width:300px;                    /* 容器宽度 */
        height:60px;                    /* 容器高度 */
        font-size:26px;                 /* 文字大小 */
        font-weight:bold;               /* 粗体*/
        font-family:Courier New;        /* 字体*/
        color:#FF0000 ;                 /* 颜色*/
        background-color:#DDDDDD;        /* 背景颜色 */
        text-align:left;                /* 对齐方式 */
        line-height:60px;               /* 设置行高*/
}

<div>The first division</div>
```

代码在浏览器中的显示效果如图 6-1-1 所示。

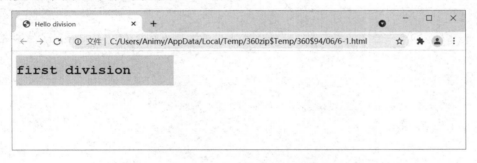

图 6-1-1　代码在浏览器中的显示效果

<div>是一个块级元素，默认占据浏览器窗口的 100%。也就是说，浏览器默认会在<div>标签和</div>标签的前后各放置一个换行符，以实现前后元素的自动换行。

例如，在实例 6-1 的代码中添加粗体部分文本。

标题文本
<div>first division</div>
内容文本

块级元素与自动换行在浏览器中的显示效果如图 6-1-2 所示。

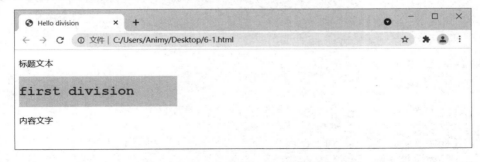

图 6-1-2　块级元素与自动换行在浏览器中的显示效果

从图 6-1-2 中可以看出，上例中的文本、容器分 3 行显示。

6.1.2 应用样式

运用<div></div>标签创建网页区域，利用 CSS 对其格式化是 Web 前端开发常用的方法。为<div>标签和</div>标签添加 class 选择器或 id 选择器，除了可以定义区域的样式外，还可以使 HTML 文档结构明了，便于阅读。

一个新闻类网站通常会包含新闻列表和新闻详情 2 个区域，首先运用<div>标签创建区域，随后应用 CSS 定义样式。

例如，以下代码是新闻站点常用的网页结构。

```html
<h1>News Lists</h1>
<div class="news_Lists">
    <h2>News 1 title</h2>
    <h2>News 2 title</h2>
</div>
<h2>News Details</h2>
<div class="news">
    <h2>News headline 2</h2>
    <p>some text. some text. some text...</p>
    <img src="URL">
</div>
```

代码说明：上例第一个容器<div class="news_lists">用于放置新闻列表；第二个容器<div class="news">用于显示新闻详情，包括新闻的标题、摘要、图片等。由于这 2 个<div>标签分别关联不同的类选择器：news_lists，news，所以可以利用元素指定选择器为每个<div>标签定义不同的样式。

例如，为新闻列表定义元素指定选择器及样式。

```css
div.newsLists{
    text-align:center;
    width:500px;
    height:400px;
}
```

选择器将匹配以下 HTML 标签，代码如下。

```html
<div class="newsLists">
```

又如，为新闻详情定义元素指定选择器及样式，代码如下。

```css
div.news{
    text-align:left;
```

```
    font-color:FE0044==33;
}
```

同理，上例选择器将被 HTML 标签引用，代码如下。

```
<div class="news">
```

代码说明：上述 2 个容器分属不同的类选择器，且均包含了<h2>标签，利用包含选择器可以分别为它们的子元素<h2>标签定义不同的样式。

代码如下：

```
div.newsLists h2{
    font-color:blue;
    font-weight:bold;
}
div.news h2{
    font-color:gray;
    font-size:20px;
}
```

代码说明：HTML 允许同时为<div>添加 class 属性和 id 属性，但更常见的是只应用其中的一种。这两者之间的主要区别是 class 属性应用于某一类元素，而 id 属性针对唯一的元素。

6.1.3　<div>嵌套

<div>是网页布局的重要元素，它允许嵌套，也就是说一个<div>标签和</div>标签可以包含另一个<div>标签和</div>标签，外层的是父元素，内层的是子元素。

通常，一个最基本的网页包括 3 个区域，即页眉、内容和页脚。运用<div>标签和</div>标签在网页中创建 3 个区域，代码如下。

```
<div id="header"></div>
<div id="main"></div>
<div id="footer"></div>
```

代码说明：第 1 行定义页眉区域，第 2 行定义内容区域，第 3 行定义页脚区域。分别为上述 3 个区域定义宽度、高度以及对齐方式，代码如下。

```
#header{
    width:90%;
    height:80px;
    background-color:#DDDDDD;
    text-align:center;
}
#main{
```

```
    width:90%;

    height:150px;

    background-color:#EEEEEE;

    text-align:center;

}

#footer{

    width:90%;

    height:50px;

    background-color:#CCCCCC;

    text-align:center;

}
```

为了控制网页中各区域的对齐方式和宽度，可以发现上述代码重复定义了如下样式。

```
{

    width:90%;

    text-align:center;

}
```

代码说明：如果在上述 3 个区域外部再套上一层<div>标签和</div>标签，再控制外层<div>标签的宽度和对齐方式，将是最优的实现方法。

【实例6-2】网页区域嵌套的示例。

示例运用<div>标签和</div>标签的嵌套功能，实现了网页中最基本的嵌套布局，代码如下。

```
#wrapper{

    margin:0 auto;                    /*居中*/

    width:90%;

}

#header{

    height:80px;

    background-color:#DDDDDD;

}

#main{

    height:150px;

    background-color:#EEEEEE;

}

#footer{

    height:50px;

    background-color:#CCCCCC;

}


<div id="wrapper">
```

```
    <div id="header"></div>
    <div id="main"></div>
    <div id="footer"></div>
</div>
```

代码说明：示例代码中 wrapper 是顶层容器，其在网页水平居中，宽度为浏览器窗口的 90%；header、main、foot 是 wrapper 的子元素，分别定义了自身的高度。为了便于观察，为每个区块设置了不同的背景色。div 嵌套的显示效果如图 6-1-3 所示。

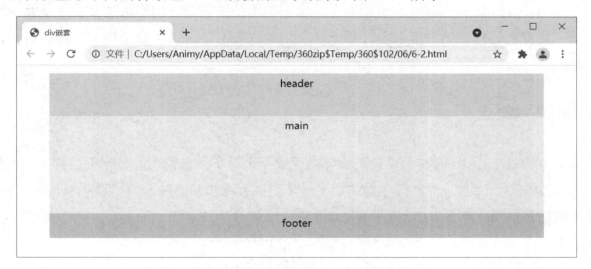

图 6-1-3　div 嵌套的显示效果

通常，网页的页眉包含 logo、banner 和导航条等，依照<div>嵌套的思想，可以继续在<header>区域添加这 3 个区块，以实现页眉中元素的布局，代码如下。

```
<div id="header"></div>
    <div id="logo"></div>
    <div id="banner"></div>
    <ul id="nav">
        <li></li>
        <li></li>
        <li></li>
    </ul>
</div>
```

代码说明：由于<ul>标签也是块级标签，所以不必在<ul>标签外再嵌套一层<div>标签。网页中的其他块级元素将在本书后续章节介绍。

虽然<div>嵌套对于网页布局和网页结构的描述有很大的帮助，可以减少 CSS 代码，使网页结构便于理解，但是过多的嵌套往往会使代码不易阅读和维护。

控制网页元素嵌套的层数是一个重要的技术，虽然没有一个衡量标准以论述嵌套层数多与少的好坏，但是适量的嵌套是应该做的。

6.2 ••• 盒模型的定义

上一节简要地介绍了<div>标签嵌套的基本概念，下面进一步介绍盒模型的概念以及其相关的属性和应用方法。

W3C 于 1996 年推出了盒模型的概念，即网页中的所有元素均可以放置在一个盒子里。每个盒子均有其特性，如宽度多少，高度多少，边框线型等，运用盒模型可以精确地描述并控制盒子的外观，使得它在网页布局中有着举足轻重的地位。

6.2.1 基本概念

网页中的每个<div>标签或者元素都可以看成一个盒子，它们拥有外形并占据网页空间，是网页基本的布局元素。用盒模型描述盒子，是非常合适与精确的。为了直观地认识盒模型，先看标准的盒模型，如图 6-2-1 所示的。

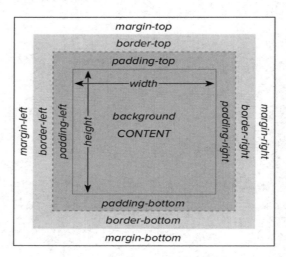

图 6-2-1　标准的盒模型

盒子由外边距（margin）、边框（border）、内边距（padding）、内容区域（content）、背景（background）等属性组成，这些属性又分为上、右、下、左 4 个局部属性。

内容区域也称为容器，是盒子的主要区域,在它的内部放置文本、图片等元素，通过 width、height、overflow 等属性确定其宽度、高度、和溢出时的处理方式。

内边距是内容区与边框之间的间距，可以通过上、右、下、左 4 个边距分别予以控制。利用内边距可以调整内容区的位置。

边框是比较活跃的元素，网页中很多修饰性的线条均是由它来实现的。边框有颜色、粗细、样式，分别由 border-color、border-width、border-style 这 3 个属性定义。

外边距也是比较重要的元素，它位于盒模型的最外围，通常用于分隔不同的盒子，是网页布局中重要的属性。

6.2.2　定义方法

在 Web 前端开发时，通常运用盒子描述网页中的区块或者容器，运用 CSS 定义其样式。

【实例 6-3】定义盒子的示例。实例定义了一个宽度为 300px、高度为 60px 的盒子，并为盒子中的文本指定了样式。为便于观察，给盒子添加了背景颜色，代码如下。

```
#box {
    font-size:32px;
    color:#FF0000;
    text-align:left;
    width:300px;
    height:60px;
    background-color:#FFFF00;
}

<div id="box">第一个盒模型</div>
```

定义盒子的显示效果如图 6-2-2 所示。

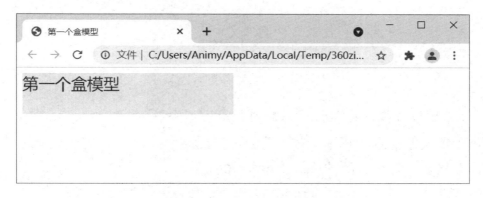

图 6-2-2　定义盒子的显示效果

代码说明：图 6-2-2 中的黄色背景区域是上例中定义的，其宽度为 300px、高度为 60px。浏览器默认按照自上向下、从左到右的方式显示网页元素，所以上例中盒子的左上角在浏览器窗口的左上角，即原点（x=0; y=0）位置定位。

盒模型有两种基本的类型，即块级元素（block）和行内元素（inline）。与块级元素不同的是，行内元素的宽度和高度无效，而且它不独占一行。

【实例 6-4】行内元素的示例。

修改示例代码 6-3，将盒子转换为行内元素，在浏览器中查看显示效果，代码如下。

```
#box {
    font-size:32px;
    color:#FF0000;
    text-align:left;
    width:300px;
    height:60px;
    background-color:#FFFF00;
    display:inline;                    /*强制转换为行内元素*/
}


<div id="box">行内元素一</div>
<div id="box">行内元素二</div>
```

代码说明：粗体代码 display:inline 是将盒子转换为行内元素。关于行内元素的更多内容将在本书 6.4 节进行详细的介绍。

行内元素的显示效果如图 6-2-3 所示：

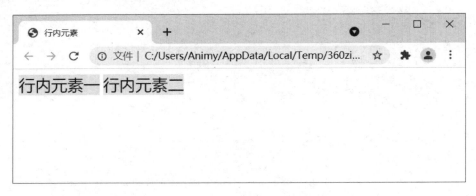

图 6-2-3   行内元素的显示效果

从图 6-2-3 中可以发现，将盒子转为行内元素后有如下 2 个特点。

（1）为盒子定义的高度和宽度无效，盒子的实际高度和宽度取决于文本的高度和宽度。

（2）行内元素在一行可容纳的情况下自左向右排放。

6.2.3 外边距：margin

外边距（margin）位于盒子的最外围。为了避免网页中的盒子相互挤在一起，可以利用盒子的外边距（margin）将它们分隔。

一、定义外边距

margin 属性用来为盒模型定义外边距。代码如下。

```
margin:top|right|bottom|left;
```

代码说明：margin 属性是上、右、下、左 4 个外边距的缩写方式，也可以利用 4 个方向的属性 margin-top、margin-right、margin-bottom、margin-left 定义。其取值 top、right、bottom、left 分别表示盒子相对其父元素边缘或者同级元素，往下、往左、往上、往右偏移的距离。

```
margin:2px;                     /*定义所有边距为2px*/
margin:2px 4px;                 /*定义上下边距为2px，左右边距为4px*/
margin:2px 4px 8px;             /*定义上边距为2px，左右边距为4px，下边距为8px*/
margin:2px 4px 8px 16px         /*定义上边距为2px,右边距为4px,下边距8px,左边距16px*/
```

上述定义方式或许不符合常规的思维方式，可以采用下面的定义方式。

```
margin-top:2px;
margin-right:4px;
margin-bottom:8px;
margin-left:16px;
```

【实例 6-5】定义外边距的示例。

示例定义了 2 个盒子：box1 和 box2，并为它们定义不同的外边距。外边距的显示效果如图 6-2-4 所示，代码如下。

```
#box1 {
    margin:20px;
    width:200px;
    height:60px;
    background-color:#E3E3E3;
}
#box2 {
    margin:10px 20px 30px 40px;
    width:200px;
    height:60px;
    background-color:#E3E3E3;
}

<div>
    <div id="box1">第 1 个盒子</div>
    <div id="box2">第 2 个盒子</div>
</body>
```

两个或多个盒子在垂直方向相邻时会发生重叠的现象，重叠后的外边距取较大者。在上例中，第 1 个盒子 margin-bottom:20px、第 2 个盒子的 margin-top:10px，所以它们之间的实际外边距取值 20px。读者可以尝试修改上述 2 个属性值，在浏览器中查看显示效果。

在水平方向相邻的元素之间的外边距不会合并，而是两者之和；对于浮动元素不会出现外边距合并的现象。关于外边距重叠的更多内容，请读者参考其他资料。

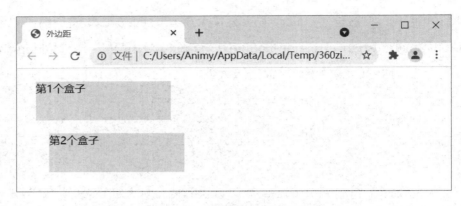

图 6-2-4　外边距的显示效果

二、外边距取值

margin 可以使用多种长度单位，如像素、百分比等，也可以取负值。如果没有定义 margin 的值，则表示没有边界。

1. auto

取值 auto 是由浏览器决定具体的外边距，其另一个作用是实现元素居中。例如，下面的示例将盒子在浏览器窗口居中显示。

【实例 6-6】盒子居中的示例。

利用 margin:auto 实现盒子在浏览器窗口居中显示。盒模型在浏览器中居中显示的效果如图 6-2-5 所示，代码如下。

```
#box {
    margin:auto;                    /*居中*/
    width:300px;
    height:100px;
    background-color:#E3E3E3;
}


<div id="box"></div>
```

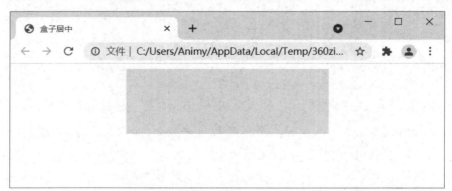

图 6-2-5　盒模型在浏览器中居中显示的效果

在网页设计时，有时候希望盒子在网页居中，而它内部的元素，如文本左对齐或者右对齐。这种情况可以通过在盒子的 CSS 代码中添加 text-align 属性，定义盒子内部元素的对齐方式，代码如下。

```
#box {
    margin:auto;
    width:300px;
    height:60px;
    text-align:left;              /*盒子内文本左对齐*/
}
```

2. 百分比

运用百分比设置外边距值也是常用的方法，尤其在响应式网页开发中，利用百分比可以让浏览器根据窗口大小自动调整外边距。

例如，下面的代码使用百分比设置外边距。

```
#box{
    margin:2%;
    padding:2%;
    background-color:#FFFF00;
}
```

6.2.4　边框：border

盒子的边框可以分割区块，规划布局。如图 6-2-1 所示，边框位于外边距与内容中间，是一条可以定义宽度的线。

盒模型的边框由 3 个属性构成：边框的宽度、边框的颜色、边框线的样式，即 border-width、border-color、border-style。每个属性均由顶部、右侧、底部、左侧 4 个方向的边框组成，可以单独定义这 4 个方向边框的属性，也可以统一定义边框的属性。

一、宽度

边框的宽度也被称为粗细，利用 border-width 属性定义。

代码如下。

```
border-width:top-width|right-width|bottom-width|left-width;
```

代码说明：border-width 属性是上、右、下、左 4 个边框宽度的缩写，也可以利用这 4 个方向的属性 border-top-width、border-right-wdith、border-bottom-width、border-left-width 定义。

例如，为盒子定义相同粗细的边框，代码如下。

```
border-width:2px;
```

又如，为上、右、下、左边框定义不同的宽度，代码如下。

```
border-top-width:2px;            /*定义上边框为 2px*/
border-right-width:4px;          /*定义右边框为 4px*/
border-bottom-width:8px;         /*定义下边框为 8px*/
border-left-width:16px           /*定义左边框为：16px*/
```

也可以采用下述的定义方式，代码如下。

```
border-width:2px;                /*定义所有边框为 2px*/
border-width:2px 4px;            /*定义上下边框为 2px，左右边框为 4px*/
border-width:2px 4px 8px;        /*定义上边框为 2px，左右边框为 4px，下边框为 8px*/
border-width:2px 4px 8px 16px    /*定义上、右、下、左边框分别为：2px,4px,8px,16px*/
```

二、样式

运用 border-style 属性可定义盒子的边框样式。

代码如下：

```
border-style: top-style|left-style|bottom-style|left-style;
```

代码说明：border-style 的代码和边框宽度相似，它可以定义 4 个方向边框的宽度，默认的样式是 none，即不显示边框。

表 6-1 列出了 border-style 的取值及其描述。

例如，为所有边框定义相同的样式。代码如下

```
border-top-style:solid;
```

又如，为上、右、下、左边框定义不同的样式。代码如下。

```
border-top-style:solid;          /*定义上边框为实线*/
border-right-style:dotted;       /*定义右边框为点线*/
border-bottom-style:dashed;      /*定义下边框为虚线*/
border-left-style:double;        /*定义左边框为双线*/
```

表 6-1 border-style 的取值及其描述

值	描述
none	无边框。与任何指定的 border-width 值无关
hidden	隐藏边框。IE 不支持
dotted	定义边框为点线
dashed	定义边框为虚线
solid	实线边框
double	双线边框。两条单线与其间隔的和等于指定的 border-width 值
groove	根据 border-color 的值画 3D 凹槽
ridge	根据 border-color 的值画菱形边框
inset	根据 border-color 的值画 3D 凹边
outset	根据 border-color 的值画 3D 凸边

也可以采用下述定义方式，代码如下。

```
border-style:solid;                      /*定义所有边框为实线*/
border-style:solid dotted;               /*定义上下边框为实线，左右边框为点线*/
border-style:solid dotted double;        /*定义上边框为实线，左右边框为点线，
                                             下边框为双线*/
border-style:solid dotted double hidden;/*定义上边框为实线，右边框为点线，
                                             下边框为双线，隐藏左边框*/
```

【实例 6-7】为盒子定义宽度和样式的示例，代码如下。

```
#box {
    margin:auto;
    width:300px;
    height:60px;
    color:#FF4500;
    border-width:2px 4px 8px 16px;
    border-style:solid dotted double;
}

<div id="box"></div>
```

代码说明：这段代码定义了盒子的上、右、下、左边框的宽度分别为 2px、4px、8px、16px；上、右、下、左边框的样式分别为实线、点线、双线、点线。边框宽度和样式如图 6-2-6 所示。

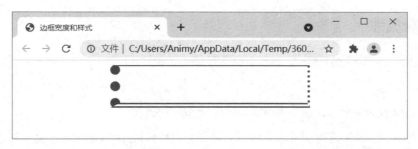

图 6-2-6　边框宽度和样式

三、颜色

边框颜色的定义方法和定义宽度、样式的方法相似。

如果未定义边框的颜色，则默认采用盒子中 color 属性定义的颜色；或者继承父元素的边框颜色；如果均未定义，则为黑色。

【实例 6-8】为盒子定义不同边框颜色的示例，代码如下。

```
#box {
    margin:auto;
```

```
        width:300px;
        height:60px;
        border-width:30px;
        border-style:solid;
        border-top-color:red;
        border-right-color:blue;
        border-bottom-color:green;
        border-left-color:gray;
    }

<div id="box"></div>
```

代码说明：这段代码分别为盒子的上、右、下、左边框定义了红色、蓝色、绿色、灰色。边框颜色如图 6-2-7 所示。

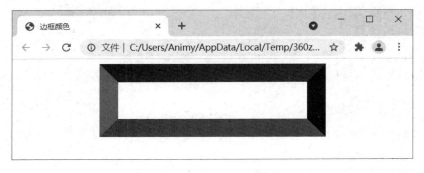

图 6-2-7　边框颜色

四、边框综合属性

当边框线的宽度、颜色、样式不一致的时候，需分别利用 border-width、border-color、border-style 属性对边框予以定义。当边框在上、右、下、左 4 个方向不一致的时候，需使用 border-top-width、border-top-color、border-top-style 等属性进行定义。

若盒子所有边框的属性都相同，则可以采用综合属性 border 来定义，代码如下。

```
border:15px solid #000;              /*设置宽度 15px、黑色、实线边框。*/
border:solid #000 15px;              /*设置实线、黑色、宽度 15px 边框。*/
```

采用了合并编写边框的方式，可以不必记忆属性所在的位置，且能够任意排列。上述两行代码在浏览器中的显示效果是一致的。

6.2.5　内边距：padding

如图 6-2-1 所示，内边距（padding）位于边框和内容之间，有点类似于 Microsoft Word 中的页边距。定义内边距的方法和定义外边距的方法相似。

定义内边距，使用 padding 属性，代码如下。

```
padding:top|right|bottom|left;
```

代码说明：padding 属性是上、右、下、左 4 个内边距的缩写，也可以利用这 4 个方向的属性 padding-top、padding-right、padding-bottom、padding-left 定义。其取值 top、right、bottom、left 分别表示内容与父元素的顶部、右侧、底部、左侧 4 个方向的距离，代码如下。

```
padding:2px;                  /*定义所有内边距为 2px*/
padding:2px 4px;              /*定义上下内边距为 2px，左右边距为 4px*/
padding:2px 4px 8px;         /*定义上内边距为 2px，左右内边距为 4px，下内边距为
                                8px*/
padding:2px 4px 8px 16px     /*定义上内边距为 2px,右内边距为 4px,下内边距 8px,
                                左内边距 16px*/
```

又如，可采用下面的定义方式分别指定上、右、下、左内边距，代码如下。

```
padding-top:2px;              /*定义上内边距*/
padding-right:4px;            /*定义右内边距*/
padding-bottom:8px;           /*定义下内边距*/
padding-left:16px;            /*定义左内边距*/
```

和外边距类似，内边距的取值也可以是百分比值。

【实例 6-9】 定义盒子内边距的示例，代码如下。

```
#box {
    margin:0 auto;
    text-align:left;
    width:300px;
    height:60px;
    padding:10px 20px 30px 40px;
    background-color:#E3E3E3;
    font-size:18px;
}

<div id="box">内边距</div>
```

代码说明：盒子定义了不同的内边距，其上、右、下、左内边距分别为 10px、20px、30px 和 40px。由于定义了文本对齐方式为左对齐，所以文本距离上边框 10px，距离左边框 40px。内边距的显示效果如图 6-2-8 所示。

修改实例 6-9 的代码，将文本对齐方式调整为右对齐。代码如下。

```
text-align:right;
```

由于调整了文本的对齐方式为右对齐，所以文本相对于上边框的距离不变，与右边框的距离为 20px。内边距在右对齐方式下的显示效果如图 6-2-9 所示。

图 6-2-8　内边距的显示效果

图 6-2-9　内边距在右对齐方式下的显示效果

请仔细观察图 6-2-8 和图 6-2-9，比较文本与边框的距离。

6.2.6　盒子的宽度与高度

　　盒子大小的计算在网页布局中处于很重要的地位，如果计算错误将导致网页元素的溢出、错位、重叠等。所以，在网页布局前精确计算盒子占据的实际大小尤为重要。

　　当盒子的外边距、边框、内边距都为 0px 的时候，它所占的宽度和高度是定义时的 width 属性值和 height 属性值。若为盒子定义了 margin 属性、border 属性、padding 属性，则盒子占据的实际宽度和高度将随之改变。

　　【实例 6-10】盒子大小的计算示例，代码如下。

```
#container{
    width:??px;
    height:??px;
    background-color:#e3e3e3;
    margin:auto;
}
#box {
    font-size:23px;
```

```
        color:#FF0000;
        text-align:left;
        width:300px;
        height:60px;
        margin:60px;
        border:solid 45px #FF4500;
        padding:30px;
        background-color:#FFFF00;
        float:left;
    }


<div id="container">
    <div id="box">计算宽与高</div>
</div>
```

代码说明：这段代码定义了容器 container，其内部放置一个宽度为 300px、高度为 60px、外边距为 60px、边框宽度为 45px、内边距为 30px 的盒子 box。示例代码并没有给出 container 具体的宽度和高度，请尝试利用盒模型的概念计算出这 2 个值。

上例中所定义盒子的属性如下：宽度为 300px，高度为 60px；上、下、左、右外边距均为 60px；上、下、左、右边框均为 45px；上、下、左、右内边距均为 30px。

根据盒模型的概念，同时结合图 6-2-1，对于盒子所占的实际空间计算如下。

（1）实际宽度=左边距+左边框+左内边距+内容宽度+右内边距+右边框+右边距

　　　即：宽度=60+45+30+300+30+45+60=570（px）。

（2）实际高度=上边距+上边框+上内边距+内容高度+下内边距+下边框+下边距

　　　即：高度=60+45+30+60+30+45+60=330（px）。

由此可见，盒子实际的宽度和高度取决于多个属性，如 width、height、margin、border、padding 等。外层 container 的宽度必须等于 570px，高度必须等于 330px 的时候，才能够容纳盒子 box。盒子在浏览器中的显示效果如图 6-2-10 所示。

图 6-2-10　盒子在浏览器中的显示效果

6.3 ●●● 常用属性

盒子的常用属性包括：圆角、阴影、隐藏、溢出处理等。合理地利用这些属性，对盒子的控制、定位、美化等均能起到很大的作用。下面分别予以介绍。

6.3.1 圆角

早期，为盒子定义圆角是比较棘手的事情，通常需要先绘制圆角图像，然后运用\<span\>标签调整圆角与边框线的距离等复杂的方法实现。CSS 极大地简化了圆角的实现，利用border-radius 属性即可实现盒子的圆角效果。下面的代码定义了盒子的圆角。

```
#connerBox {
    border-radius: 20px;
    width: 300px;
    height: 200px;
}
```

border-radius 属性值是圆角的半径，一般采用 px 作为单位，也可以是 em。上例中是单一值，表示盒子 4 个角的半径都为 20px。

border-radius 是盒子 4 个方向圆角属性的简写，为盒子的 4 个角定义不同的半径可以使用以下属性。

- border-top-left-radius：定义左上角的半径。
- border-top-right-radius：定义右上角的半径。
- border-bottom-right-radius：定义右下角的半径。
- border-bottom-left-radius：定义左下角的半径。

为盒子定义 4 个半径相同的圆角，代码如下。

```
#connerBox {
    border-top-left-radius: 20px;
    border-top-right-radius: 20px;
    border-bottom-right-radius: 20px;
    border-bottom-left-radius:20px;
    width: 300px;
    height: 200px;
}
```

【**实例 6-11**】为盒子定义圆角的示例，代码如下。

```
#connerBox1 {

    border-radius: 20px;

    background: #8AC007;

    margin:10px;

    width:130px;

    height:130px;

    float:left;

}

#connerBox2{

    border-top-left-radius: 20px;

    border-top-right-radius: 30px;

    border-bottom-right-radius: 40px;

    border-bottom-left-radius:50px;

    background: #8AC007;

    margin:10px;

    width:130px;

    height:130px;

    float:left;          /*属性 float:left 目的是将 2 个盒子在同一行显示*/

}


<div id="connerBox1"></div>

<div id="connerBox2"></div>
```

代码说明：这段代码实现了在网页中创建 2 个圆角盒子。其中，第一个盒子定义了相同半径的圆角，第二个盒子分别为 4 个角定义了不同的半径。圆角盒子的显示效果如图 6-3-1 所示。

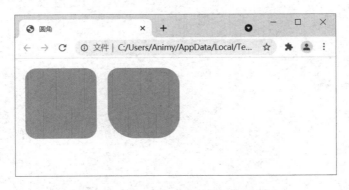

图 6-3-1　圆角盒子的显示效果

6.3.2　盒阴影

通常将阴影运用到盒子或者其他元素中可以提高视觉效果。利用 box-shadow 属性可以为盒子定义阴影，代码如下。

```
box-shadow: h-shadow v-shadow blur|spread|color|inset;
```

代码说明：box-shadow 定义了水平阴影、垂直阴影、距离、颜色等属性，其参数和描述如表 6-2 所示。

表 6-2　box-shadow 属性的值和描述

参数	描述
h-shadow	必需，定义水平阴影的位置。允许负值
v-shadow	必需，定义垂直阴影的位置。允许负值
blur	可选，模糊距离
spread	可选，阴影的尺寸
color	可选，阴影的颜色
inset	可选，将外部阴影（outset）改为内部阴影

h-shadow 和 v-shadow 属性值是阴影在水平方向和垂直方向的偏移量。如果是正值，则阴影在水平方向往右，垂直方向往下偏移；反之，则在水平方向往左，垂直方向往上偏移。

【实例 6-12】盒阴影的示例，代码如下。

```
.shadow1 {
    margin:10px;
    box-shadow:10px 10px 10px #000000;
    width:130px;
    height:130px;
    border:1px solid black;
    border-radius:20px;
    background-color:#8AC007;
    float: left;
}
.shadow2 {
    margin:10px;
    margin-left:30px;
    box-shadow: -10px -10px 10px #000000;
    width:130px;
    height:130px;
    border:1px solid black;
    border-radius:20px;
    background-color:#8AC007;
    float:left;                           /*两个盒子并列显示*/
}
```

```
<div class="shadow1"></div>
<div class="shadow2"></div>
```

代码说明：这段代码实现了创建圆角盒子，并为盒子定义不同方向的阴影。盒子 shadow1 在 h-shadow 和 v-shadow 方向取正值，即阴影在盒子的右下方；盒子 shadow2 在 h-shadow 和 v-shadow 方向取负值，阴影在盒子的左上方。盒阴影如图 6-3-2 所示。

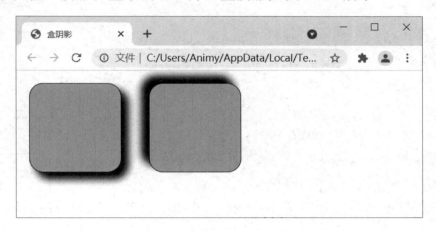

图 6-3-2　盒阴影

6.3.3　visibility 属性和 display 属性

隐藏一个元素可以设置 display：none，或 visibility：hidden。但是这两种方法会产生不同的结果。

一、visibility 属性

visibility:hidden 用于隐藏某个元素，但隐藏的元素仍占用原先占据的空间。也就是说，该元素虽然被隐藏了，但仍然会影响布局。

visibility 属性的值和描述如表 6-3 所示。

表 6-3　visibility 属性的值和描述

值	描述
visible	默认值。元素是可见的
hidden	元素是不可见的
collapse	当在表格元素中使用时，此值可删除一行或一列，但是它不会影响表格的布局。被行或列占据的空间会留给其他内容使用。如果此值被用在其他的元素上，会呈现为"hidden"
inherit	规定应该从父元素继承 visibility 属性的值

【实例 6-13】盒子 visibility 的示例。在网页中放置 3 幅图像，其中图像 1、3 正常显示，图像 2 设置 visibility：false。试想这 3 幅图像在浏览器中的显示方式，代码如下。

```
    img {
        display: block;
        width:200px;
    }
    .hide {
        display: none;
    }
    .invisibale{
        visibility:hidden;
    }

<img src="images/car1.png" />
<img src="images/car2.png" class="invisibale"/>
<img src="images/car3.png" />
```

3 幅图像正常显示的效果如图 6-3-3 所示，将第 2 幅图像隐藏后的显示效果如图 6-3-4 所示。

从图 6-3-3 和图 6-3-4 中可以发现，图像 2 虽然不可见，但是依然占据了浏览器窗口的空间；图像 3 避开了图像 2，还是在其原本的位置显示。

图 6-3-3　3 幅图像正常显示的效果

图 6-3-4　将第 2 幅图像隐藏后的显示效果

二、display 属性

display 属性可以实现元素的隐藏，但是其主要功能是实现元素类型的转换。这里先介绍 display 隐藏元素的功能，其余的内容将在本书的后续章节阐述。

display:none 用来隐藏某个元素，且隐藏的元素不会占用任何空间。即该元素不但被隐藏了，而且该元素原本占用的空间也会从网页布局中删除。

【实例 6-14】盒子 display 的示例。修改实例 6-13 的代码，将图像 2 的 display 属性设置为 hide。代码如下。

```
<img src="images/car2.png" class="hide"/>
```

代码说明：修改后的代码可在源代码文件夹中获取，其文件名为 6-14.html。display 属性的显示效果如图 6-3-5 所示。

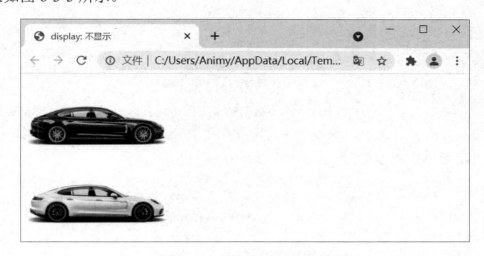

图 6-3-5　display 属性的显示效果

从图中可以看出，图像 2 不再占用原先的位置，后续的图像 3 在它的位置显示。

6.3.4　溢出

当盒子不够大，不能容纳内部所有的元素时将产生溢出，默认情况下溢出部分在盒子外显示。运用 overflow 属性，能够控制溢出时的处理方式。

一、overflow 属性

overflow 属性的值和描述如表 6-4 所示。

表 6-4　overflow 属性的值和描述

值	描述
visible	默认值。内容不会被修剪，超出的内容显示在父元素之外
hidden	内容会被修剪，并且其余内容是不可见的
scroll	内容会被修剪，但是浏览器会显示滚动条以便查看其余的内容
auto	如果内容被修剪，则浏览器会显示滚动条以便查看其余的内容
inherit	规定应该从父元素继承 overflow 属性的值

【实例 6-15】盒子溢出的示例。本例在盒子 container 内部放置一幅图像，由于图像的尺寸大于盒子故将产生溢出现象。代码如下。

```
     .container {


          width:300px;

          height:180px;

          border:1px #000 solid;

     }

<div class="container">
   <img src="images/car.png" style="width:400px">
</div>
```

代码说明：上例未定义 overflow 属性，即默认值为 visible，溢出的图像将显示在盒子外。溢出图像的显示效果如图 6-3-6 所示。

图 6-3-6　溢出图像的显示效果

图 6-3-6 是典型的溢出现象。在进行 Web 前端开发时，应使用 overflow:hidden 避免这种情况的出现。

【实例 6-16】overflow:hidden 的示例。在实例 6-15 中添加 overflow:hidden 属性，代码如下。

```
.container {
   width: 300px;
   height: 180px;
   border:1px #000 solid;
   overflow:hidden;
}
```

修改后的代码可在源代码文件夹中获取，其文件名为 6-16.html。

代码说明：当添加 overflow:hidden 时，浏览器将隐藏溢出部分的内容。图像溢出自动隐藏的显示效果如图 6-3-7 所示。

图 6-3-7　图像溢出自动隐藏的显示效果

【**实例 6-17**】overflow:scroll 的示例。再次修改实例 6-15 的代码如下。

```
.container {
    width:300px;
    height:180px;
    border:1px #000 solid;
    overflow:scroll;
}
```

代码说明：将 overflow 属性设置为 scroll，浏览器将为容器 container 添加横向和纵向滚动条。修改后的代码可在源代码文件夹中获取，其文件名为 6-17.html。自动为图像添加滚动条的显示效果如图 6-3-8 所示。

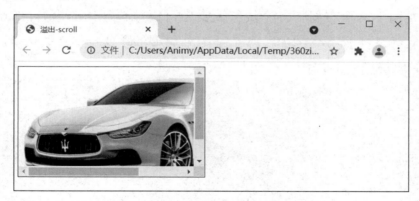

图 6-3-8　自动为图像添加滚动条的显示效果

如果将 overflow 属性设置为 auto，浏览器将在溢出方向添加滚动条。读者可以尝试设置 overflow:auto，在浏览器中查看显示效果。

二、overflow-x 和 overflow-y

为了能够分别控制 x 轴和 y 轴方向溢出的处理方式，CSS3 定义了 overflow-x 和 overflow-y 属性。overflow-x 用来定义水平方向溢出时的处理方式；overflow-y 用来定义垂直方向溢出时的处理方式。如果 overflow-x 和 overflow-y 属性值相同，则运用 overflow 属性即可。overflow

属性的值和描述如表 6-5 所示。

表 6-5　overflow 属性的值和描述

值	描述
visible	默认值。内容不会被修剪，会呈现在元素框之外
hidden	内容会被修剪，并且其余内容是不可见的
scroll	内容会被修剪，但是浏览器会显示滚动条以便查看其余的内容
auto	如果内容被修剪，则浏览器会显示滚动条以便查看其余的内容
inherit	规定应该从父元素继承 overflow 属性的值
no-display	当内容溢出容器时不显示元素，类似于元素添加了 display:none 属性一样
no-content	当内容溢出窗口时不显示内容，类似于元素添加了 visibility: hidden 属性一样

6.4　元素类型和转换

总而言之，网页中的元素分为 3 个基本类型，即块级元素、行内元素和行内块级元素，但这 3 种元素在浏览器中的呈现方式各不相同。

6.4.1　块级元素

块级元素主要用于网页布局，一个块级元素中可以放置任何的内容，默认占用父元素的全部宽度，其前后都是换行符。例如，盒子是一个典型的块级元素。

【实例 6-18】块级元素的示例，代码如下。

```
div {
    height:40px;
    width:45%;
    padding:10px;
    margin-top:5px;}
#box1 {
    border:1px #000 solid;
}
#box2 {
    border:1px #000 solid;
}

<div id="box1">box1</div>
<div id="box2">box2</div>
```

代码说明：上例定义了 2 个块级元素：box1、box2，它们的宽度均为窗口宽度的 45%，内边距 10px。块级元素的显示效果如图 6-4-1 所示。

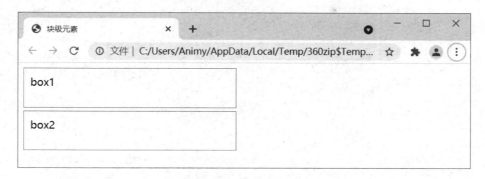

图 6-4-1　块级元素的显示效果

对于块级元素的特点可以归纳为以下几点。

（1）默认情况下，每个块级元素独占一行，其后的元素另起一行。也就是说，即使 2 个块级元素的宽度之和小于窗口的宽度，它们仍然各占据一行。

（2）元素的高度、宽度、行高、外边距、边框、内边距等都可设置。

（3）在默认情况下，元素的宽度是它父容器的 100%，即和父元素的宽度一致。

常见的块级元素有：address、div、fieldset、form、h1-h6、hr、menu、table、p、ol、ul、li。

6.4.2　行内元素

行内元素也称为内联元素，它的内部不能放置块级元素。行内元素不能指定宽度和高度，因此没有固定的形状，它所占的宽度和高度由其本身内容决定。

网页中相邻的行内元素按照在 HTML 文档中的先后次序排列在同一行，当宽度超出父容器时自动换行。

【实例 6-19】行内元素的示例，代码如下。

```
b{
    width:200px;
    height:200px;
    margin:20px;
    padding:20px;
    font-size:26px;
}
#inline1 {
    background:#FFFF00;;
}
#inline2 {
```

```
        background:#EEEEEE;
        border:1px solid blue;

    }


<b id="inline1">inline1</b>
<b id="inline2">inline2</b>
```

代码说明：上例定义了 2 个行内元素，分别为 inline1 和 inline2。行内元素的显示效果如图 6-4-2 所示。

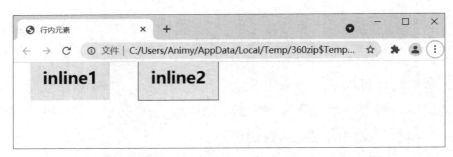

图 6-4-2 行内元素的显示效果

通过上例，行内元素的特点可以归纳为以下几点。

（1）行内元素不独占一行，在可以容纳的情况下，一行内可以放置多个行内元素。

（2）定义行内元素的高度和宽度是无意义的，它实际的高度和宽度为元素本身所占据的空间。例如，文本的字号和字数决定了它的宽度和高度，或者 padding 形成的内边距导致了宽度和高度的变化。

（3）支持左右方向的外边距（margin），上下方向的外边距不支持。

（4）支持各个方向上的内边距（padding）。

（5）可以设置边框。

常见的行内元素也有很多，如 a、b、i、label、select、span、textarea 等。

6.4.3 行内块级元素

单纯的块级元素和行内元素不能解决网页中各类复杂的布局，所以又提出了行内块级元素。所谓的行内块级元素，其实是结合了块级元素和行内元素的特性，为行内元素添加了高度和宽度等属性。

设置 display：inline-block，即将元素转换为行内块级元素。

【实例 6-20】行内块级元素的示例，代码如下。

```
    b{
        font-size:26px;

    }
```

```
#inline1 {
    background:#FFFF00;;
    width:300px;
}
#inline2 {
    margin:20px;
    padding:20px;
    width:200px;
    height:60px;
    background:#EEEEEE;
    display:inline-block;
}
#inline3 {
    background:#FFFF00;;
    width:300px;
}

<b id="inline1">inline1</b>
<b id="inline2">inline2</b>
<b id="inline3">inline3</b>
```

代码说明：上例中 inline1 和 inline3 是行内元素，inline2 是行内块级元素。行内块级元素的显示效果如图 6-4-3 所示。

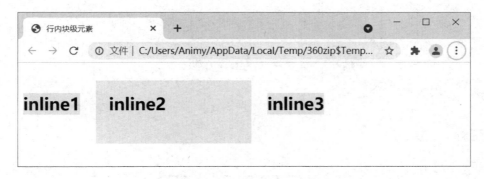

图 6-4-3　行内块级元素的显示效果

通过上例代码结合图 6-4-3 中的元素表现，对行内块级元素的特性归纳如下几点。

（1）和内联元素一样，行内块级元素也不独占一行，在可以容纳的情况和其他的行内元素在同一行显示。

（2）支持高度、宽度的定义。

（3）支持各方向的外边距（margin）、各方向上的内边距（padding）。

典型的行内元素有：img、表单控件 input 等。

6.4.4 类型转换

在进行 Web 前端开发时，尤其是在进行网页元素的布局时，往往需要调整元素的类型从而满足布局的需要。

利用 display 属性可以将元素的类型转换为需要的类型，如将内联元素转换为块级元素，或者将块级元素转换为内联元素等。

代码如下。

```
display:block|inline|inline-block|none;
```

代码说明：属性值 block 是块级元素、inline 是行内元素、inline-block 是行内块级元素，none 是不显示元素。display 属性值丰富，除了上述介绍的 4 个属性值外还有其他众多的取值，这些内容不在本书的讨论范围内，读者可以查阅相关资料获取相关信息。

将元素类型转换成为新的类型后，该元素即以新类型的方式展示。

在实例 6-20 的代码中，添加如下代码。

```
#inline1 {
    background:#FFFF00;;
    width:300px;
    display:block;
}
```

代码说明：将内联元素 inline1 转换为块级元素后，它将以块级元素的方式显示。修改后的代码可在源代码文件夹中获取，其文件名为 6-21.html。

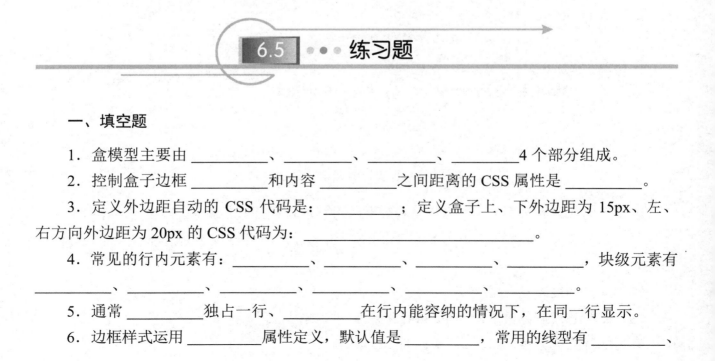

6.5 ••• 练习题

一、填空题

1. 盒模型主要由 _____、_____、_____、_____ 4 个部分组成。

2. 控制盒子边框 _____ 和内容 _____ 之间距离的 CSS 属性是 _____。

3. 定义外边距自动的 CSS 代码是：_____；定义盒子上、下外边距为 15px、左、右方向外边距为 20px 的 CSS 代码为：_____。

4. 常见的行内元素有：_____、_____、_____、_____，块级元素有 _____、_____、_____、_____、_____、_____。

5. 通常 _____ 独占一行、_____ 在行内能容纳的情况下，在同一行显示。

6. 边框样式运用 _____ 属性定义，默认值是 _____，常用的线型有 _____、

_____、_____；_____属性定义边框颜色；边框的粗细通过_____属性定义，定义上、右、下、左边框粗细的属性分别是_____、_____、_____、_____。

7．为盒子定义圆角的属性是_____，定义阴影的属性是_____。

8．属性_____可以隐藏超出盒子大小的内容，它的取值分别是：_____、_____、_____、_____、_____，默认值是_____。_____属性和_____属性可以分别控制 x 轴和 y 轴方向的溢出。

9．网页元素有 3 种基本类型：_____、_____、_____，运用_____属性可以进行相互的转换。

二、简答题

1．简述盒子实际所占的宽度和高度的计算方法。

2．简述块元素和行内元素的特征。

三、操作题

1．运用 CSS 定义如下的盒子。

要求：content 的宽度和高度分别为 500px 和 300px、外边距均为 30px、上、下边框为红色 30px、左右边框为 15px 蓝色、内边距为 10px。

2．将网页划分成上、中、下 3 个区域。

要求：每个区域的宽度均为 500px、3 个区域之间的间距为 10px、高度分别为 80px、200px、50px。显示效果如图 6-5-1 所示。

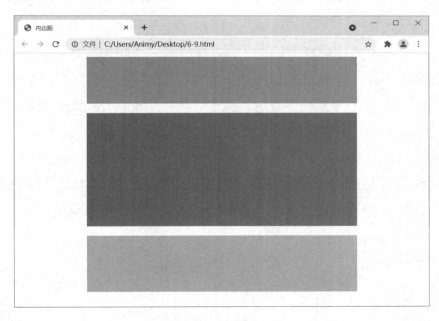

图 6-5-1　显示效果

布局模型与技术

本书之前的章节讲述了 CSS 基础知识、盒模型等基本概念，接下来的重点是将这些技术运用到实际的网页布局中。早期普遍使用的表格布局，现在已经被定位、浮动等布局模型所替代。

本章首先介绍包含块的基本概念，阐述常见的流动、定位、浮动等布局模型，在文档中创建区域和控制区域以及确定元素位置的方法；然后讲解常规的布局方法，如单列布局、两列自适应布局、三行两列布局等，通过具体案例介绍实现的方法；最后对 HTML5 新增的语义标签，以及利用这些标签实现网页布局的方法进行详细说明。

7.1 ●●● 包含块

包含块是网页布局中的重要概念，可以将它理解为一个矩形区块（或是一个盒子、容器）。这个区块内可以放置元素，这些元素的尺寸和位置往往由其所在的包含块决定。

元素的尺寸常常会受它的包含块影响。例如，定义 font-size:2em，则文字的实际大小取决于包含块中文字的大小。网页中的其他属性，如 width、height、padding、margin 等，当其取值为百分比值时，它们最终的属性值也均是通过计算元素的包含块而得。

包含块也是元素定位的参照物。元素一旦定义了定位方式，如绝对、固定等定位方式，那么它在网页中的实际位置将参考包含块的坐标系计算得出。关于定位方式将在本书后续章节详细介绍。

默认情况下，body 是所有元素的祖先，是根包含块。

大多数情况下，包含块就是这个元素最近的父元素的内容区，代码如下。

```
<div id="container">
<div id="content">content</div>
</div>
```

代码说明：上例中 container 是 content 的包含块，body 是 container 的包含块。

【**实例 7-1**】包含块的示例，代码如下。

```css
body{
    background-color:#EEEEEE;
}
#container{
    width:400px;
    height:200px;
    background:#FFF;
}
#content{
    width:260px;
    height:130px;
    background-color:#FFFF00;
}


<div id="container">
<div id="content">content</div>
</div>
```

代码说明：在网页定义了包含块 container，在 container 内部定义了另一个包含块 content。上述包含块均采用默认的定位方式，浏览器按照默认的渲染方式展示网页中的元素，包含块的显示效果如图 7-1-1 所示。

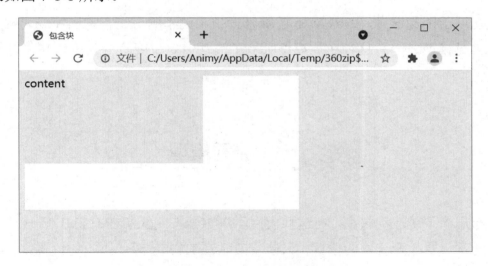

图 7-1-1　包含块的显示效果

如图 7-1-1 所示，body 是根包含块（图 7-1-1 中的灰色区域），而且是网页中任何元素的祖先；container（图 7-1-1 中白色区域）被 body 包裹，它又容纳了另一个元素 content（图 7-1-1

中黄色区域）；container 也可以看作是文本 content 的包含块。

和<div>标签一样，包含块与包含块之间也可以相互嵌套，该特性在为网页元素的布局提供了很大的灵活性与便捷性的同时，也为代码增添了复杂性。总的来说，合理的嵌套和清晰的代码结构是每一位 Web 前端开发人员要优先考虑的。

7.2 布局模型

浏览器支持 3 种基本的布局模型：流动、定位和浮动，每种布局模型都有各自的优点和缺点，在网页开发过程中往往需要组合使用多种布局模型，才能设计出灵活多变、风格独特和表现丰富的网页。

一、流动

流动是浏览器默认的布局模型，默认情况下网页中的各种元素均是按照这种模型呈现的。

二、定位

定位模仿了 Photoshop 中层的概念，将网页中的元素看作单独的层，并对这些元素进行精确定位。例如，网页顶部的导航栏，或始终显示在浏览器窗口同一位置的返回顶部按钮等。

三、浮动

浮动最初用于图文混排，随着 Web 前端开发技术的不断进步，它已经成为网页中创建多列布局的最常见模型之一。这种布局模型吸取了流动、定位两者的优点，更增添了灵活的布局方式。

7.3 流动模型

默认的布局模型是流动模型，在这种模型下浏览器按照元素在 HTML 源代码中排列的次序呈现网页元素。要改变元素的位置，只能修改它在 HTML 源代码中的位置。若在某个元素的源代码之前插入新的元素，则它在浏览器窗口中的位置将往后移动。

在流动布局模型中，网页元素按照普通文档流的方式进行展示。普通文档流是指浏览器根据元素在 HTML 文档中的顺序决定其位置，主要的形式是自上而下，一行接一行，每一行从左至右输出网页元素。

具体有以下几种情况。

（1）对于内联元素，如文本，它们不会单独占一行，当行内容纳不下的时候会自动换行。

（2）对于每个未指定具体定位方式的块级元素，它们将单独占一行显示。

【**实例 7-2**】内联元素、块级元素在普通文档流中的定位方式示例，代码如下。

```css
#container1,#container2,#container3 {
    width:300px;
    height:80px;
    border:solid 1px #666;
}
#container1{
    Margin-top:30px;
}
#container2 {
    background:#FFFF00;;
}
#container3 {
    background:#EEEEEE;
}
#title{
    font-size:26px;
    font-style:bold;
}
#text{
    font-size:20px;
    font-style:italic;
}

<div id="container1">包含块 1-默认定位</div>
<span id="title">内联元素:</span><span id="text">文本</span>
<div id="container2">包含块 2-默认定位</div>
<a href="#">W3C<a>
<div id="container3">包含块 3-默认定位</div>
```

代码说明：实例 7-2 定义了 3 个包含块：container1、container2 和 container3，2 个内联元素：<span>标签和<a>标签，这些元素均为默认定位，在浏览器中将以普通文档流的方式显示。其中，3 个包含块均单独占一行，第 2 行容纳了 2 个行内元素<span>标签，它们显示在同一行。普通文档流的显示效果如图 7-3-1 所示。

流动布局模型符合网页的浏览习惯，不会发生错位、覆盖等情况。然而这种布局模型比较单调，无法设计出灵活的网页效果。

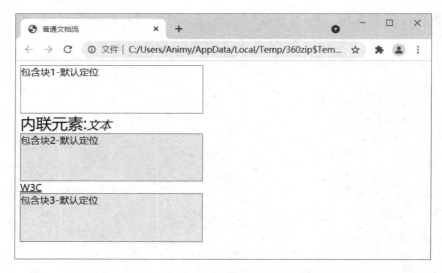

图 7-3-1　普通文档流的显示效果

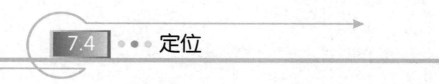

定位的基本目标是改变普通文档流，以产生有趣的布局效果。利用 CSS 的定位技术，能够有效地摆脱流动布局带来的弊端，以区别于普通文档流的方式实现了精确定位网页中的元素。

定位布局模型有时也被称为层定位，即引入 Photoshop 中图层的概念，将网页中的每个元素看作一个个图层，对不同的图层应用不同的定位布局模型。

利用 position 属性可对元素施以不同的定位布局模型，将其从普通文档流中脱离出来，在指定的位置显示。

代码如下所示。

```
#box{
    position:absolute|fixed|relative|static;
}
```

代码说明：position 属性的取值可以是绝对定位（absolute）、固定定位（fixed）、相对定位（relative）和静态定位（static）。下面分别介绍各种定位的特性。

7.4.1　绝对定位

绝对定位是指元素脱离普通的文档流，基于其父容器的定位。需要注意的是，这个父容器必须设置了 position 属性，否则系统会继续向上一层父容器寻找，直到追溯到 body 为止，代码如下。

```
#box{
    position:absolute;
    left:px|%
    right: px|%;
    top: px|%
    bottom: px|%
}
```

代码说明：将 position 属性值设置为 absolute，即实现元素的绝对定位，left、right、top、bottom 值用于确定元素相对于其父容器在各个方向的偏移量，既可以是像素值，也可以是百分比；既可以是正数，也可以是负数。

对于上述 4 个属性值，如果取值为正数，则 left 值决定了元素相对于父容器左侧基线往右偏移的距离；right 值决定了元素相对于容器右侧基线往左偏移的距离；top 值决定了元素相对于父容器顶端基线往下偏移的距离；bottom 值决定了元素相对于父容器底端基线往上偏移的距离。

如果取值是负数，则进行反方向偏移。

【实例 7-3】绝对定位的示例。

本例在网页定义了 3 个包含块：container1、container2、container3。其中，container1 和 container3 采用默认定位，container2 采用绝对定位并定义了 sub_div1 和 sub_div2 元素，其中 sub_div1 是绝对定位，代码如下。

```
#container1,#container2,#container3 {
    width:300px;
    height:120px;
    border:solid 1px #666;
}
#container2 {
    position:absolute;
    left:120px;
    top:60px;
    background:#FFFF00;;
}
#container3 {
    background:#EEEEEE;
}
#container2 div {
```

```
        color:#993399;
        border:solid 1px  #FF0000;
    }
    #sub_div1 {
        width:80px;
        height:80px;
        position:absolute;
        right:30px;
        bottom:10px;
    }
    #sub_div2  {
        width:80px;
        height:80px;
        background:#DDDDDD;
    }

<div id="container1">包含块 1-默认定位</div>
<div id="container2">包含块 2一绝对定位
        <div id="sub_div1">子元素 1一绝对定位</div>
        <div id="sub_div2">子元素 2一默认定位</div>
</div>
<div id="container3">包含块 3一默认定位</div>
```

代码说明：上例定义的默认定位包含块 container1 按照普通文档流的方式在浏览器中显示；由于 container2 是绝对定位，它的位置摆脱普通文档流，根据 left 值和 top 值，相对于它的父容器（即浏览器窗口）左侧基线往右偏移 120px、顶端基线往下偏移 60px 的位置定位。

由于绝对定位元素不占据浏览器的空间，或者说绝对定位的元素可以覆盖在网页其他元素之上，这点对于普通文档流来说是不存在的（后称脱离了普通文档流），所以其后续元素 container3 会按照普通文档流的方式在 container 下方定位。

绝对定位包含块 container2 内放置了元素 sub_div1 和 sub_div2，这两个元素相对于其包含块 container2 定位。其中，sub_div1 采用了绝对定位的方式，它将相对于包含块 container2 右侧基线往左偏移 30px、底端基线往上偏移 10px 定位。绝对定位的显示效果如图 7-4-1 所示。

读者可以尝试删除包含块 container2 中的 position 属性，并在浏览器中检查 sub_div1 的定位情况。

所谓的脱离文档流，是指网页中的元素打乱了原有普通文档流的排列方式，或是说从网页中将该元素拿走。元素脱离文档流之后，将不再占据网页空间，而是漂浮在其他元素的上方，它的原有位置被后续的元素占据填补。

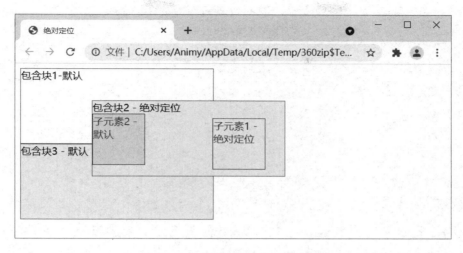

图 7-4-1　绝对定位的显示效果

7.4.2　固定定位

设置 position:fixed 即可实现元素的固定定位。和绝对定位一样，固定定位也是脱离普通文档流的，它不影响在它之前和之后的元素，同样也可以叠加在网页中其他元素之上，代码如下。

```
#box{
    position:fixed;
    left:px|%
    right: px|%;
    top: px|%
    bottom: px|%
}
```

代码说明：将 position 属性值设置为 fixed，即实现元素的固定定位，这种定位方式也是利用 left、right、top、bottom 值，使元素相对于浏览器窗口做偏移定位。与绝对定位不同的是，固定定位元素的位置不会随着滚动条的滚动而滚动，除非浏览器的窗口发生改变。

【实例 7-4】固定定位的示例，代码如下。

```
#first{
    width:120px;
    height:400px;
    background-color:#E3E3E3;
    border:1px solid #000;
}
#second{
    position:fixed;
    top:40px;                        /*距离浏览器顶部 100px*/
```

```
        left:200px;                    /*距离浏览器左侧160px*/
        width:130px;
        height:65px;
        background-color:#E3E3E3;
        border:1px solid #000;
    }

<div id="first">包含块 first-默认定位</div>
<div id="second">包含块 second-固定定位</div>
```

代码说明：上例定义了 first 包含块和 second 包含块，其中 first 包含块采用默认的定位方式，随普通文档流显示在浏览器左侧；second 包含块采用了固定定位的方式，其相对于浏览器窗口往下、往右分别偏移了 40px 和 200px。固定定位的显示效果如图 7-4-2 所示。

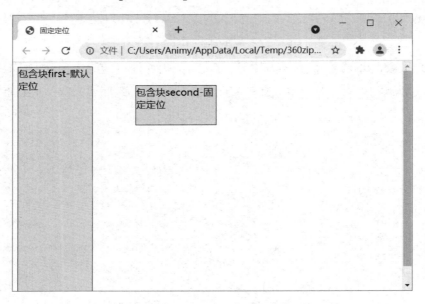

图 7-4-2　固定定位的显示效果

在浏览器中拖动滚动条，左侧的 first 包含块将随着滚动条的滚动而滚动，而 second 包含块始终位于初始位置。

固定定位在网页设计中使用的场景不多，但是利用它设计网站主导航、"回顶部"按钮，或者固定栏目时还是很常见的。

7.4.3　相对定位

绝对定位和固定定位能够精确地控制元素的位置，但是缺乏一定的灵活性，因此又提出了相对定位的概念。

绝对定位和固定定位的偏移量是根据元素所处的包含块计算得出的，而相对定位的位置是参考元素在普通文档流中的初始位置计算得出的，代码如下。

```
#box{
    position:relative;
    left:px|%
    right: px|%;
    top: px|%
    bottom: px|%
}
```

代码说明：将 position 属性的值设置为 relative（即实现元素的相对定位），元素的位置取决于其 left、right、top、bottom 属性的取值，它的实际位置在其初始位置的基础上，向右、向左、向下、向上偏移若干距离。

【实例 7-5】默认定位的示例。

在实例 7-5 定义的 3 个包含块均使用默认定位，而实例 7-6 中的 container2 运用了相对定位。请读者根据定位的思想，思考下述两段代码在浏览器中不同的显示效果，代码如下。

```
#container1,#container2,#container3 {
    width:200px;
    height:60px;
    border:solid 1px #666;
}
#container2 {
    background:#FFFF00;;
}
#container3 {
    background:#EEEEEE;
}
#container2 div {
    color:#993399;
    border:solid 1px  #FF0000;
}

<div id="container1">包含块 1-默认定位</div>
<div id="container2">包含块 2-默认定位</div>
<div id="container3">包含块 3-默认定位</div>
```

代码说明：上例定义了 3 个包含块均采用默认定位，浏览器将按照该方式定位 container1、container2、container3，即 3 个包含块各占 1 行，分 3 行显示。默认定位的显示效果如图 7-4-3 所示。

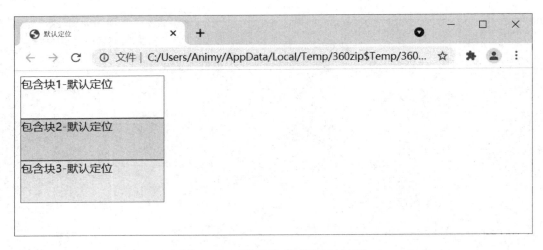

图 7-4-3　默认定位的显示效果

【实例 7-6】相对定位的示例。下面的示例将包含块 container2 的定位方式设置为相对定位，并为其 left 属性、top 属性定义了偏移量，代码如下。

```css
#contain1,#contain2,#contain3 {
    width:200px;
    height:60px;
    border:solid 1px #666;
}
#contain2 {
    position:relative;
    left:120px;
    top:30px;
    background:#FFFF00;
}
#contain3 {
    background:#EEEEEE;
}
#contain2 div {
    color:#993399;
    border:solid 1px  #FF0000;
}

<div id="contain1">包含块 1-默认定位</div>
<div id="contain2">包含块 2-相对定位</div>
<div id="contain3">包含块 3-默认定位</div>
```

代码说明：上例 container2 采用了相对定位的方式，它将在其普通文档流位置的基础上，往右侧偏移 120px、往下偏移 30px。相对定位的显示效果如图 7-4-4 所示。

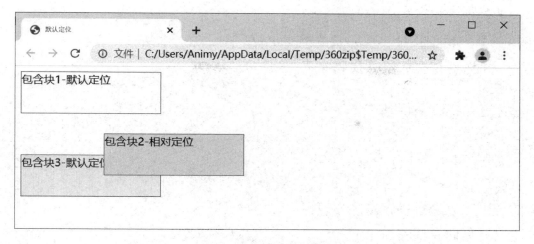

图 7-4-4　相对定位的显示效果

从图 7-4-4 中可以看出，包含块 container2 原有的位置仍然被完整地保留着。相对定位实际上也是普通文档流的一部分，它并未脱离普通文档流，后续的默认定位元素 contain3 不会占用它的位置。

7.4.4　静态定位

如果不指定元素的 position 属性，则其定位方式为静态定位。static 是 position 属性的默认值，该元素在其原本应该显示的位置显示。实例 7-5 的代码和图 7-4-3 已经说明了静态定位的方法和在浏览器中的定位方式。

7.4.5　元素的居中

对于采用默认定位或者未设置 position 属性元素的居中，只要添加 margin:auto 代码即可实现。然而对于已经定位的元素，实现居中的方式较为复杂。

下面介绍元素的绝对定位居中和相对定位居中的方法。

一、绝对定位居中

【实例 7-7】添加 margin:auto 代码实现绝对定位居中，代码如下。

```
#container{
    position:absolute;
    width:200px;
    height:60px;
    left:0; right:0;
    margin:auto;
}
```

请注意上例中的粗体代码。

【实例 7-8】利用偏移量实现元素的绝对定位居中。

定义了一个绝对定位元素，代码如下。

```
#container{
    position:absolute;
    width:200px;
    height:60px;
}
```

元素的居中可以通过以下步骤实现。

（1）定义元素向左偏移 50%。

```
left:50%;
```

（2）将元素向左偏移元素宽度的一半，即 **margin-left** 取负值。

```
margin-left:-100px;
```

完整代码如下。

```
#container{
    position:absolute;
    width:200px;
    height:60px;
    background-color:#E3E3E3;
    left:50%;
    margin-left:-100px;
}

<div id="container"></div>
```

绝对定位元素居中的显示效果如图 7-4-5 所示。

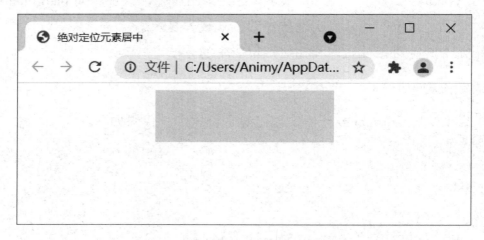

图 7-4-5　绝对定位元素居中的显示效果

二、相对定位居中

相对定位居中可以采用上例介绍的利用偏移量的方法实现，也可以采用自动外边距的方法来实现。

【实例 7-9】 利用自动外边距实现元素的相对定位居中，代码如下。

```
#container{
    position:relative;
    width:200px;
    height:60px;
    background-color:#E3E3E3;
    margin:auto;
}

<div id="container"></div>
```

代码说明：这段代码的显示效果也与图 7-4-5 所示一致。

7.5 ● ● ● 浮动布局

CSS 提供了多种布局模型，但是对于 Web 前端开发人员来说，首选浮动布局模型，该技术的基本思想是使 HTML 布局尽可能地简化。

在浮动布局模型中，无须规定元素在何处显示，而是让浏览器自动管理元素的布局。这确保了布局的灵活性，无论浏览器窗口的大小或形状的改变，元素都会正常显示。

7.5.1　浮动的定义

最初引入浮动的目的是简化网页布局。例如，图像在文本的左侧或右侧环绕；或者将一个容器向左浮动，另一个容器向右浮动，以实现多列布局。

浮动布局的显示效果如图 7-5-1 所示，为图像设置了浮动从而实现图文混排，不论如何调整浏览器窗口，文本将始终显示在图片的左侧。相应的实例 7-9 代码可在源代码文件夹中获取，其文件名为 7-9.html。

前面已经介绍了在流动模型中普通文档流依照从上到下，从左到右，以块级元素换行的方式显示网页的元素。

浮动，是指元素脱离普通文档流，往左或者往右紧贴父元素边缘定位，而此浮动元素之后的位置，由后续的浮动元素填充。

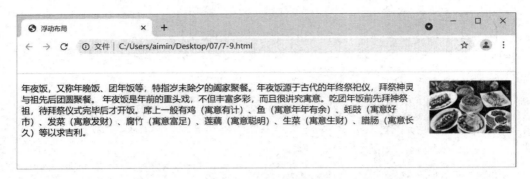

图 7-5-1　浮动布局的显示效果

为元素定义浮动，请使用 float 属性。

代码如下。

```
box{
    float:left|right;
}
```

代码说明：元素的 float 属性的值可以是 left 或 right，即使元素向左或者向右浮动。

一旦为元素定义为浮动，则该元素在父容器内往指定的边缘靠拢并定位，具体有以下几种情况。

（1）如果该元素之前没有任何元素，则直接停靠在父容器的左侧或右侧边缘。

（2）由于默认定位块级元素占据一行，若浮动元素之前有默认定位块级元素，则另起一行停靠在父容器的左侧或右侧边缘。

（3）如果该元素之前有浮动元素，则在行内能容纳的情况下和之前的元素在行内并列排放；如果容纳不下则在下一行显示。

（4）如果该元素之前有内联元素，则该元素将前面的内联元素挤掉后停靠在父元素左侧或者右侧，而之前的内联元素紧跟着该元素定位。

浮动元素与父容器边缘的距离取决于该元素的 margin 属性以及父容器的 padding 属性。如果采用 float:left，则元素相对于父元素左边缘的距离=父元素的 padding-left 值+该元素的 margin-left 值；如果采用 float:right，则元素相对于父元素右边缘的距离=父元素的 padding-right 值+该元素的 margin-right 值。

浮动元素之间的距离由 2 个相邻元素的 margin 属性决定。

【实例 7-10】浮动元素的示例。

为了直观地说明浮动的具体含义，请先看下面的示例。示例中定义了 2 个盒子元素、1 个行内元素，均设置了 float 属性，代码如下。

```
body{
    font-size:20px;
}
#box1{
```

```
        margin:10px;
        width:160px;
        height:80px;
        background-color:#E3E3E3;
        float:left;
    }
    #box2 {
        margin:10px;
        width:160px;
        height:80px;
        background-color:#E3E3E3;
        float:right;
    }
    #inline1 {
        background:#FFFF00;;
        width:500px;
        height:60px;
        float:right;;
        margin:20px;
    }

<div id="box1">box1</div>
<div id="box2">box2</div>
<span id="inline1">inline</span>
```

代码说明：上例中 2 个 box 宽度之和小于浏览器的宽度，所以在一行显示。

需要注意的是，一旦为内联元素定义 float：left|right，则它将自动转换为一个块级元素，并具备盒子的特性。<span>元素默认是行内元素，当为其设置了 float 属性后，它具有了高度和宽度，以及 margin 属性。浮动元素的显示效果如图 7-5-2 所示。

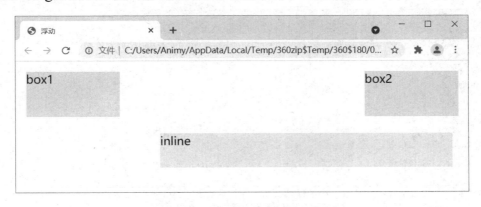

图 7-5-2　浮动元素的显示效果

7.5.2 清除浮动

清除浮动是指盒子的边不能和前面的浮动元素相邻，避免当前元素受之前浮动元素的影响。它作用于具有 float 属性的元素，不影响其他的元素。

例如，清除左侧浮动，意味着当前元素的左侧不应该存在浮动元素，也就是说当前元素应位于其父元素的左边缘；如果左侧有浮动元素，则当前元素另起一行显示。

清除浮动使用 clear 属性。

代码如下。

```
clear:none|left|right| both
```

代码说明：clear 属性的值可以是以下 4 种：none（允许两边都可以有浮动对象）、both（不允许有浮动对象）、left（不允许左侧有浮动对象）、right（不允许右侧有浮动对象）。

【实例 7-11】清除浮动的示例，代码如下。

```
div{
    width:140px;
    height:60px;
    margin:10px;
}
#box1 {
    float:left;
    border:solid blue 10px;
}
#box2 {
    float:left;
    border:solid red 10px;
}
#box3 {
    float:left;
    border:solid green 10px;
}

<div id="box1">box1</div>
<div id="box2">box2</div>
<div id="box3">box3</div>
```

代码说明：这段代码中，3 个盒子均定义了 float:left。由于它们的宽度之和小于浏览器宽度，所以在浏览器中横向并列排放，清除浮动的显示效果如图 7-5-3 所示。

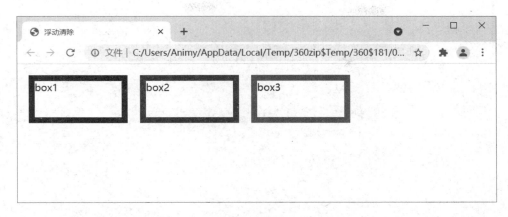

图 7-5-3　清除浮动的显示效果（1）

【实例 7-12】在实例 7-11 的代码中，添加下述粗体代码，从而清除 box2 的左侧浮动。

```
#box2 {
    float:left;
    border:solid red 10px;
    clear:left;
}
```

修改后的实例 7-12 代码可在源代码文件夹中获取，其文件名为 7-12.html。

根据清除浮动的定义，为 box2 设置 float:left 后，由于其左侧存在浮动元素 box1，所以它将显示在 box1 下方。清除浮动的显示效果如图 7-5-4 所示。

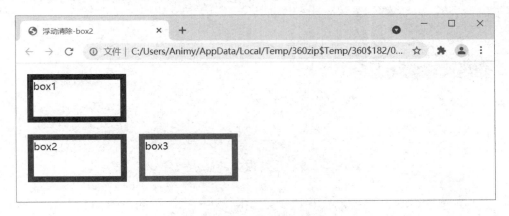

图 7-5-4　清除浮动的显示效果（2）

同理，为 box3 设置 clear:left 后，它也将显示在 box2 下方。读者可尝试修改相关的代码后在浏览器中检查显示效果。

7.5.3　解决元素重叠

若在网页中有两个容器，前者定义了浮动而后者未定义，则后者会受前者定义浮动的影响产生重叠的现象。清除后者的浮动可以解决元素重叠的现象。

【实例 7-13】元素重叠的示例，代码如下。

```css
.top {
    float:left;
    width:160px;
    height:80px;
    background-color:#e3e3e3;
    }
.content {
    width:220px;
    height:120px;
    background-color:gray;
    }

<div class="top"></div>
<div class="content"></div>
```

代码说明：由于容器 content 未设置 float，将导致上述两个元素重叠，元素重叠的显示效果如图 7-5-5 所示。

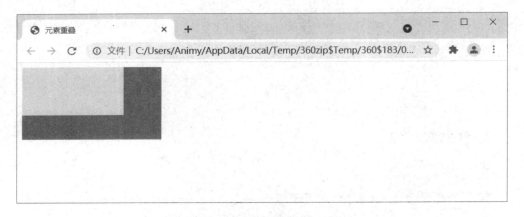

图 7-5-5　元素重叠的显示效果

【实例 7-14】为 content 容器定义 clear:both 将解决元素重叠的问题，代码如下。解决元素重叠的显示效果如图 7-5-6 所示。

```css
.content {
    width:220px;
    height:120px;
    background-color:gray;
    clear:both;
}
```

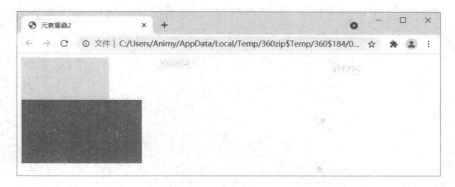

图 7-5-6　解决元素重叠的显示效果

7.5.4　高度自适应

图文混排是网页中常用的布局模式，使用不当将发生元素溢出、高度不能自适应等问题。

在没有定义任何浮动样式的情况下，如果父元素的高度为 auto、100%，或者未设置，则它的高度将根据子元素的高度自动调整。

但是，当为子元素定义了浮动后将导致父元素高度坍塌，从而不能自适应子元素的高度。下面的实例试图解决这一问题。本书通过实例 7-15、实例 7-16 和实例 7-17 的代码，阐述利用清除浮动实现父元素高度自适应。

【实例 7-15】高度自适应的示例，代码如下。

```
.wrapper {
    width: 700px;
    border: 1px solid #F00;
}
img.logo {
    width:80px;
    height:80px
}
.content{
    width:460px;
    height:100px;
    background:#e3e3e3;
    font-size:18px;
}

<div class="wrapper">
    <img class="logo" src="images/pic.jpg">
    <div class="content">content</div>
</div>
```

代码说明：这段代码展示了默认定位方式下父元素自适应子元素的高度。父元素只定义了宽度，而未定义高度，其最终的高度由 2 个子元素的高度确定。

子元素未使用任何定位技术，即采用普通文本流的方式显示各网页中的各元素。父容器的高度将根据子元素的高度自动进行调整，从而能够正确地显示各元素。高度自适应的显示效果如图 7-5-7 所示。

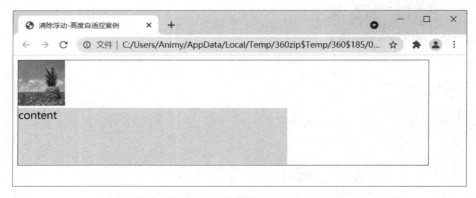

图 7-5-7　高度自适应的显示效果

当子元素设置为浮动后，它即脱离了普通文档流，导致父元素高度坍塌，父元素的高度将不再自动适应浮动的子元素。

【实例 7-16】修改实例 7-15 的代码，为 content 添加 float:left，代码如下。

```
.content{
    width:460px;
    height:100px;
    background:#e3e3e3;
    font-size:18px;
    float:left;
}
```

高度未自适应的显示效果如图 7-5-8 所示。从图 7-5-8 可以看出，父容器的高度没有自动适应子元素的高度，其主要原因是浮动元素脱离了普通文档流，没有将父元素的高度撑开。为父元素设置 overflow:hidden 可以实现父容器高度自适应。

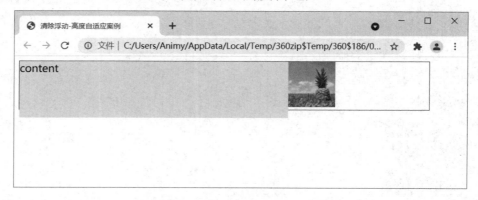

图 7-5-8　高度未自适应的显示效果

【实例 7-17】 利用清除浮动元素的示例。

实现父容器高度自适应的另一种方式是利用清除元素 content 的浮动，即在父元素的最下方新增一个<div>标签，并设置 clear:both。

在<style></style>标签内添加下述代码。

```
.clear{
    clear:both;
}
```

在 content 下方添加下述粗体代码。

```
<div class="wrapper">
    <img class="logo" src="images/pic.jpg">
    <div class="content">content</div>
    <div class="clear"> </div>
</div>
```

修改后的实例 7-17 代码可在源代码文件夹中获取，文件名为 7-17.html。清除浮动元素后高度自适应的显示效果如图 7-5-9 所示。

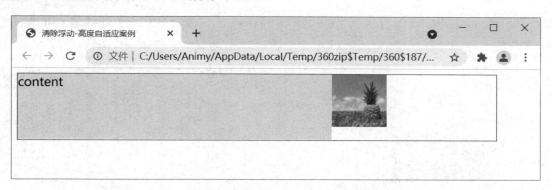

图 7-5-9　清除浮动元素后高度自适应的显示效果

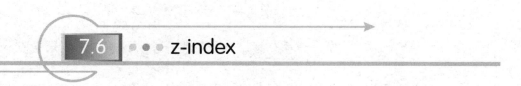

7.6 ●●● z-index

绝对定位可以将元素放置在任意位置，所以元素之间可能会重叠。默认情况下，浏览器按照元素在 HTML 文档中的先后顺序排放元素，即后续元素叠加在之前元素的上方。下面的示例解释了这一现象。

【实例 7-18】 默认重叠的示例，代码如下。

```
#firstBox {
    background-color:#E3E3E3;
    left: 0px;
    top: 0px;
```

```
    }
    #secondBox {
        background-color: black;
        left: 50px;
        top: 30px;
    }
    div{
        width:150px;
        height:80px;
        margin:0px;
        position: absolute;
    }

<div id="firstBox"></div>
<div id="secondBox"></div>
```

代码说明：这段代码定义了 firstBox 和 secondBox，其背景色分别为灰色和黑色。由于定义 secondBox 在定义 firstBox 之后，所以 secondBox 离浏览者更近。默认重叠的显示效果如图 7-6-1 所示。

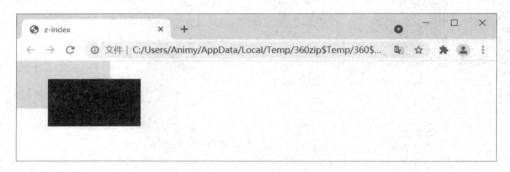

图 7-6-1　默认重叠的显示效果

若使元素以不同的顺序重叠，则可以利用 z-index 属性调整元素默认的叠放次序。

代码如下。

```
z-index:数值;
```

代码说明：z-index 用来表示网页中的元素与观察者的远近，它的属性值是一个数值，取值越大则越靠近浏览者。在使用过程中需注意以下几点。

（1）z-index 的值应为正值，虽然支持负值，但是在某些浏览器可能会导致元素消失。

（2）z-index 的重点是定义哪个元素应离浏览者近一点，所以不要为两个元素赋予相同的 z-index 值。

值得注意的是，z-index 只有在定义了 position：absolute、fixed、relative 的元素中使用才有意义。

【实例 7-19】调整元素默认叠加次序的示例，代码如下。

```
#firstBox {
    background-color:#E3E3E3;
    left:0px;
    top:0px;
    z-index:10;
}
#secondBox {
    background-color:black;
    left:50px;
    top:50px;
    z-index:5;
}
div{
    width:150px;
    height:80px;
    margin:0px;
    position: absolute;
}

<div id="firstBox"></div>
<div id="secondBox"></div>
```

在实际 Web 前端开发中，通过不同 z-index 属性值实现元素重叠是常用的布局方法，利用这种技术也可以实现简单的动态效果。

代码说明：本例通过为子元素定义 z-index 属性，从而调整它们的叠放次序。粗体代码分别为 firstBox 和 secondBox 这 2 个盒子定义了不同的 z-index 属性值。按照 z-index 的取值越大则越靠近浏览者，即盒子 firstBox 应该叠加在盒子 secondBox 上方。调整元素默认叠加次序的显示效果如图 7-6-2 所示。

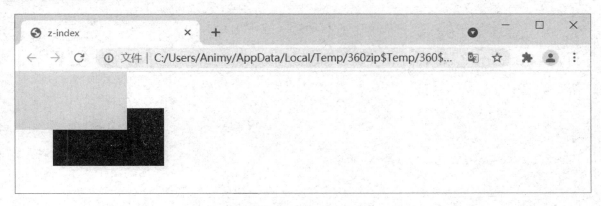

图 7-6-2　调整元素默认叠加次序的显示效果

7.7 **常用布局**

　　熟练掌握常用的布局方法是 Web 前端开发人员必备的素养。到目前为止，本书已经介绍了 CSS 的基本布局类型，以及用于布局的各类技术，如包含块、盒模型、定位、浮动等。下面将综合运用所学的知识，介绍网页常用的布局方法。

7.7.1　单列布局

　　单列布局是最基本的布局类型。通常来说，一个最简单的网页应该包含 3 个区域：header、content、footer。header 区域放置 logo 和标题；content 区域放置网页内容；footer 区域放置版权和联系方式等信息。这种布局方法有 2 种基本的形式。

　　（1）header、content、footer 宽度相等。

　　（2）header 和 footer 等宽，content 略窄。

【**实例7-20**】单列布局的示例。

　　本例阐述了实现单列布局的实现方法。为了便于观察和调试，示例代码中分别为各个区域定义了背景色、边框，以及适当的 margin，并添加了适当的说明文字。在实际开发时，可以删除这些多余的元素，代码如下。

```
body{
    font-size:16px;
}
div{
    padding:5px;
    width:98%;
    border-radius:5px;
    background-color:#f0f0f0;
}
#wrapper{
    margin:0 auto;
    margin-top:10px;
    width:800px;
    border:1px solid black;
}
#header{
    border:1px solid black;
```

```
        margin:0 auto;
        height:80px;
    }
    #content{
        height:220px;
        border:1px solid black;
        margin:0 auto;
        margin-top:10px;
    }
    #footer{
        margin:0 auto;
        margin-top:10px;
        border:1px solid black;
        height:60px;
    }

<div id="wrapper">
    #wrapper
    <div id="header">#header</div>
    <div id="content">#content</div>
    <div id="footer">#footer</div>
</div>
</body>
</html>
```

代码说明：为了统一 3 个区域的宽度和居中，在 3 个区域外围包裹一层 wrapper 是常用的手段。单列布局的显示效果如图 7-7-1 所示。

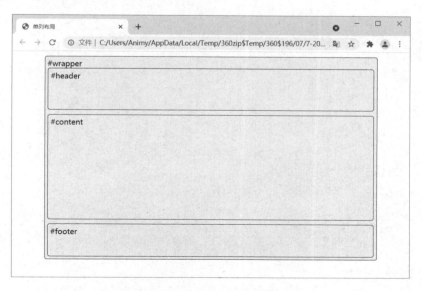

图 7-7-1　单列布局的显示效果

由于外层的 wrapper 已经设置了 margin:0 auto，可以实现居中显示，所以只需修改上述 3 个容器的宽度，即可实现 3 个区域不同宽度的布局方式。

【实例 7-21】修改 3 个容器的宽度，代码如下。

```
#content{
    height:220px;
    border:1px solid black;
    width:80%;
    margin:0 auto;
    margin-top:10px;
}
```

修改后的实例 7-21 代码可在源代码文件夹中获取，其文件名为 7-21.html。

7.7.2　两列自适应布局

两列自适应布局，是指两列的宽度均设置为百分比值，当浏览器窗口的宽度发生变化时，它们均保持固定比例的布局方式，这种布局方式在响应式网页设计时尤为有效。

【实例 7-22】两列自适应布局的示例。本例阐述了两列自适应布局的实现方式，请注意粗体部分代码尤为重要，代码如下。

```
#wrapper {
    margin: 0 auto;
    overflow: hidden;
}
#main {
    border: 1px solid black;
    margin-top: 10px;
    width: 60%;
    background-color: white;
    float: left;
}
#nav {
    height: 80px;
    background-color: #f0f0f0;
}
#content {
    height: 200px;
    margin-top: 20px;
```

```
        background-color: #f0f0f0;
    }
    #aside {
        margin-top: 10px;
        height: 300px;
        border: 1px solid black;
        float: right;
        width: 38%;
        background-color: #f0f0f0;
    }


<div id="wrapper">
    <div id="main">
    <div id="nav">#nav</div>
        <div id="content">#content</div>
    </div>
    <div id="aside">#aside</div>
</div>
</body>
</html>
```

代码说明：上例在左侧定义了 main 区块，往左浮动；右侧定义了 aside 区块，往右浮动。在 main 中定义了上下 2 个区块，分别是 nav 和 content。

两列自适应布局的显示效果如图 7-7-2 所示。调整浏览器宽度时，左右两列将保持固定的比例。

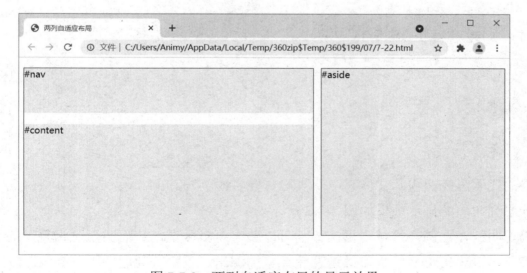

图 7-7-2　两列自适应布局的显示效果

7.7.3　三行两列布局

【**实例7-23**】在实例7-22的代码中添加header和footer区域，即可实现3行2列布局，这种布局方式在实际应用中比较普遍。下列粗体代码为新增的HTML代码。

```html
<div style="wrapper">
    <div id="header">#header</div>
    <div id="main">
        <div id="nav">#nav</div>
        <div id="content">#content</div>
    </div>
    <div id="aside">#aside</div>
    <div class="clear"></div>
    <div id="footer">#footer</div>
</div>
```

代码说明：粗体代码为新增的HTML代码。

新增的CSS代码如下。

```css
#header {
    height: 100px;
    background-color: #f0f0f0;
    border: 1px solid black;
}
#footer {
    margin-top: 10px;
    height: 60px;
    background-color: #f0f0f0;
    border: 1px solid black;
}
.clear{
    clear:both;
}
```

完整的代码可在源代码文件夹中获取，文件名为7-23.html。

三行二列布局的显示效果如图7-7-3所示。

代码说明：在上例各区域内再次分割可以获得更多区域，从而实现更为复杂的布局。为区域设置overflow:hidden可以有效地避免元素的溢出、重叠等问题。

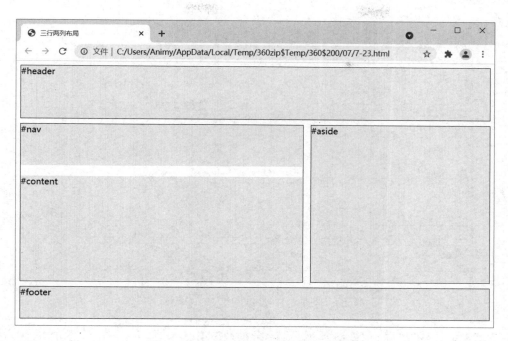

图 7-7-3　三行二列布局的显示效果

在实际的 Web 前端开发之前，应深入理解普通文档流、定位技术、float、清除浮动，以及计算盒子的宽度和高度等相关技术，才能尽可能地避免网页布局时出现的各类问题。

7.8 ••• 布局技术

长久以来，Web 前端开发人员习惯性地应用<div>标签来构建网页布局，HTML5 引入了语义标签能够代替传统的<div>标签布局方式，并使 HTML 文档结构更加清晰明了。

7.8.1　传统布局方法

Web 前端开发人员能够熟练地运用<div>标签将网页元素，如页眉、文章、页脚或侧边栏等组合在一起，利用 class 或 id 属性来标识元素所处的位置或用途并应用 CSS 样式。

传统布局的显示效果如图 7-8-1 所示。整个网页由外层容器 wrapper 包裹，内部放置了容器 header、content、aside、footer。其中，页眉（header）包含 logo 和主导航（nav）；页眉的下方是包含多篇文章（article）的内容区（content）；右侧是一个侧边栏（aside），通常放置搜索框，指向其他文章，或者放置广告链接；页脚（footer）放置版权或联系方式等信息。

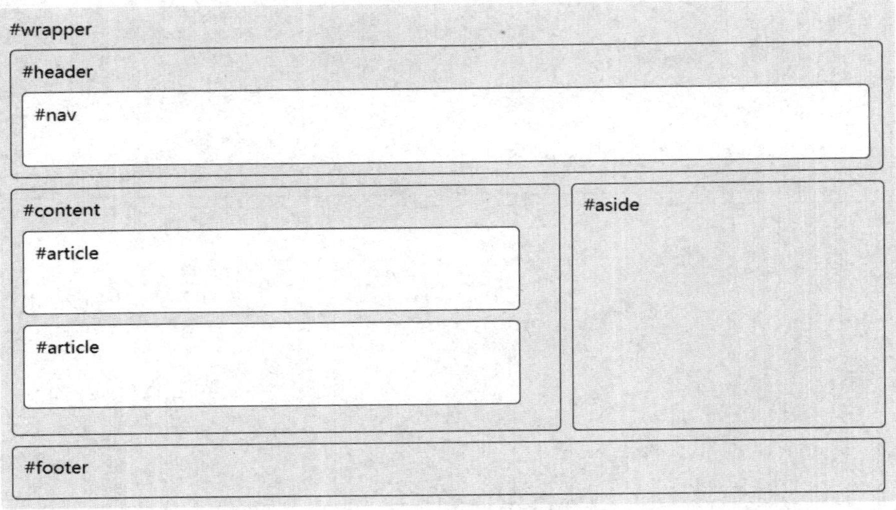

图 7-8-1　传统布局的显示效果

【**实例 7-24**】传统布局通常是将网页元素放在<div>标签内，然后添加描述元素性质的 class 或 id 属性，能够关联相应的 CSS 样式，达到美化元素的目的，代码如下。

```
<div id="wrapper">
    <div id="header">
        <div id="nav">nav</div>
    </div>
    <div id="content">
        <div class="article"></div>
        <div class="article"></div>
    </div>
    <div id="aside">
    </div>
    <div id="footer">
    </div>
</div>
```

完整的实例 7-24 代码可在源代码文件夹中获取，其文件名为 7-24.html。

7.8.2　HTML5 语义标签

HTML5 是最新的 HTML 标准，该标准引入了一组称为语义标签的元素。所谓语义标签，就是一种仅通过名称就能判断出内容的标签。

这些标签的功能和用法与<div>标签类似，但是有助于描述网页结构，优化网页布局，并能够提升搜索引擎的友好性，在网页布局中发挥着重要作用。

一、<header>和<footer>标签

1．<header>标签

<header>标签通常被放置在网页或者网页中某个区块元素的顶部，其中包含整个网页或者区块的标题、简介等信息。

例如，将标题放在页眉，代码如下。

```
<header>
    <h1>Abc's Shipping</h1>
</header>
```

等价于：

```
<div id="header">
    <h1>Abc's Shipping</h1>
</div>
```

值得注意的是，一个网页可以包含一对或者一对以上的<header>标签。它不一定非要显示在网页的上方，可以为任何区块添加<header>标签。例如，下面将要介绍的<article>标签、<section>标签等。

2．<footer>标签

<footer>标签一般放置在网页或者网页中某个区块元素的底部，包含版权信息、联系方式等内容。

例如，将版权信息放在页脚，代码如下。

```
<footer>
    &copy; 2020 Abc's Shipping
</footer>
```

等价于：

```
<div id="footer">
    <h1>Abc's Shipping</h1>
</div>
```

与<header>标签一样，网页中对<footer>标签的使用个数也没有限制，可以在任何需要的区块底部使用。

二、<nav>标签

<nav>标签代表网页的导航，可以链接到网站的其他网页，或者当前网页的其他部分。<nav>标签不但可以作为网页独立的导航区域存在，也可以在<header>标签中使用。此外，<nav>标签还可以显示在侧边栏中。和<header>标签、<footer>标签一样，一个网页之中对<nav>标签的个数也不加限制。

根据 HTML5 标准，<nav>标签只适用于网页的主导航。原因是，搜索引擎会根据<nav>标签来确定网站的主要内容，所以并不是任意超链接都适合放置在<nav>标签中，应将主要的、基本的链接放进<nav>标签，对于其他的链接则不推荐使用<nav>标签。

例如，在<header>标签内定义站点主导航，代码如下。

```
<header>
    <nav>
        <ul>
            <li><a href="">home</a></li>
            <li><a href="">news</a></li>
            <li><a href="">contact</a></li>
        </ul>
    </nav>
</header>
```

三、<article>标签

<article>标签是定义单个文章、故事或消息的文本块，也可以充当网页任何部分的容器。它可以是单个的文章或博客、评论或者帖子，以及其他逻辑上独立的内容。如果网页有多篇文章，则将每篇文章置于自己的<article>标签内。在<article>标签内可以放置文本、图片以及其他元素，代码如下。

```
<article>
    <img src="images/food.jpg"/>
    <h2>Foods</h2>
    <p>The food is delicious.</p>
</article>
```

代码说明：每个单独的<article>标签也可以有自己的<header>标签和<footer>标签，以保存该标签中的的页眉或页脚信息。例如，在包含多个文章的网页上，可以将每个单独的文章作为一个单独的部分，<header>标签可用于包含每个文章的标题和日期，<footer>标签可包含文章作者信息，代码如下。

```
<article>
    <header>作者</header>
    <p></p>
    <footer>发布时间：</footer>
</article>
```

四、<aside>标签

<aside>标签定义网页侧边栏，通常它可能包含超链接、热门帖子列表、搜索框、小工具等元素，定义包含超链接的侧边栏，代码如下。

```
<aside>
    <ul>
        <li><a href="">京东</a></li>
        <li><a href="">天猫</a></li>
        <li><a href="">苏宁</a></li>
    </ul>
</aside>
```

五、<section>标签

<section>标签是一组相似主题的内容分组，可以用它来实现文章的章节、各种标签页等。该标签也可以包含<header>标签或<footer>标签，也可以作为<article>的子元素。不但可以在<article>标签中使用<section>标签，也可以在<section>标签中使用<article>标签，代码如下。

```
<article>
    <section style="background-color:white;">
        <p>发布时间：2018 年 10 月 24 日</time></p>
        <h1>我是文章的标题</h1>
        <img src="URL">
    </section>
</article>
```

7.8.3　HTML5 布局方法

与<div>标签相比，在网页布局时应用 HTML5 语义标签，能够使得代码结构清晰明了，更趋于标准和语义化。

【实例 7-25】 HTML5 布局的示例。

本例尝试运用 HTML5 语义标签替换以往运用<div>标签来实现网页的布局，最终完成如图 7-8-1 所示的网页布局，代码如下。

```
body{
    font-size:18px;
}
div{
    padding:10px;
    width:97%;
}
header,nav,section,article,footer,aside{
    float:left;
    margin-top:10px;
```

```
    border-radius:5px;
    border:1px solid black;
    padding:10px;
}
#wrapper{
    margin:0 auto;
    background-color:#e3e3e3;
    width:780px;
}
header{
    border:1px solid black;
    width:97%;
}
nav{
    height:50px;
    border:1px solid black;
    background-color:white;
    width:97%;
}
section{
    width:60%;
    float:left;
    height:220px;
    border:1px solid black;
    clear:both;
}
article{
    width:90%;
    height:60px;
    border:1px solid black;
    background-color:white;
}
aside{
    width:33%;
    margin-left:10px;
    height:220px;
}
footer{
```

```
        height:30px;
        width:97%;
    }
    .clearBoth{
        clear:both;
    }

<div id="wrapper">
    <header>
        <nav id="nav"></nav>
    </header>
    <section>
        <article></article>
        <article></article>
    </section>
    <aside></aside>
    <footer></footer>
    <div class="clearBoth"></div>
</div>
```

代码说明：上例与实例 7-24 的代码具有完全相同的布局效果，大部分的<div>标签已被 HTML5 语义标签取代。例如，页眉位于<header>标签内，导航位于<nav>标签内，并且文章位于单独的<article>标签中。采用上例布局方式，显然能够使得代码更为清晰、易读。

上述介绍的语义标签和<div>标签一样，也可以运用 class 选择器或者 id 选择器关联 CSS 样式，从而获得更多的网页效果。

当使用不支持 HTML5 语义标签的浏览器预览上述网页时，浏览器将忽略不理解的标签，网页效果可能并不理想。因此，目前暂时使用<div>标签是相对最安全的方法，但是 HTML5 语义标签是今后的潮流，这一点很重要。

7.9 FlexBox 布局

众所周知，块级元素默认占据浏览器的整个宽度，多个 div 在网页自上而下排位。运用 float 属性或者 position 属性能够使多个块级元素在浏览器窗口内同行并列显示，但是这些方法会带来一定的副作用。例如，因为浮动元素脱离默认文档流的缘故，使得父元素失去高度，需通过清除浮动等方法解决。

FlexBox 布局，或称为弹性布局，是一维布局模型，该模型对容器中子项目的排列分布具有强大的功能。本节概述了 FlexBox 布局的基本概念，以及 FlexBox 布局的应用方法。

7.9.1　基本概念

FlexBox 布局提供了有效的方式来排列、对齐 Flex 容器内的子项目，分配 Flex 容器中各子项目之间的空间。与常规布局相比，如相对定位和浮动定位，虽然这些布局方式对于网页效果较好亦被多数 Web 前端设计人员运用，但是它们缺乏支持大型或复杂的 Web 应用的灵活性，尤其是在方向的更改，项目的拉伸、缩小、对齐等方面。

FlexBox 布局的设计思想是使 Flex 容器能够更改子项目的宽度、高度、和顺序，以能够最有效的填充可用空间，适应所有类型的显示设备和屏幕尺寸。Flex 容器能够自动扩展子项目以填充可用的可用空间，或收缩各子项目以防止溢出，即使子元素的大小未知，也能提供有效的方式对齐、分配容器中各项目之间的空间。

FlexBox 布局是一个完整的体系，它涉及 Flex 容器（父元素）、子项目（子元素），以及上述对象各自的属性。这些对象和属性的有机组合，才能有效地构建灵活多样的网页布局。

基本的 Flex 容器如图 7-9-1 所示，它的内部排列了子项目 flex item1 和 flex item2，它们在网页并列显示。

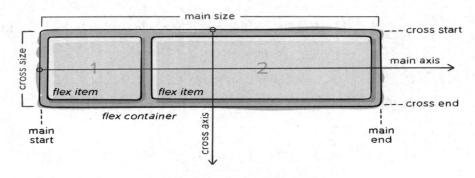

图 7-9-1　基本的 Flex 容器

Flex 容器内部存在两根轴线，分别是水平方向的主轴（main axis）和垂直方向的交叉轴（cross axis）。主轴默认的开始位置称为 main start，结束位置称为 main end，子项目在容器内默认排列方向为从左到右；交叉轴默认的开始位置称为 cross start，结束位置称为 cross end，默认排列方向为从上到下。

7.9.2　Flex 容器

将容器的 display 属性设置为 flex，它即成为一个 Flex 容器。为了对 FlexBox 布局有个大致的了解，请看下面的实例。

【**实例 7-26**】最基本的 FlexBox 布局的示例，代码如下。

```css
CSS:
.container {
    display: flex;
    height:200px;
    background: yellow;
    border:5px solid skyblue;
}
.item {
    width: 6rem;
    height: 6rem;
    margin: auto;
    background-color: orange;
    color:white;
    font-size: 60px;
    text-align: center;
}
HTML:
<div class="container">
    <div class="item">1</div>
    <div class="item">..</div>
    <div class="item">8</div>
</div>
```

代码说明：为子项目设置 margin:auto 可以使 Flex 容器吸收额外空间，从而使得子项目在主轴和交叉轴上完美居中。FlexBox 布局的显示效果如图 7-9-2 所示。

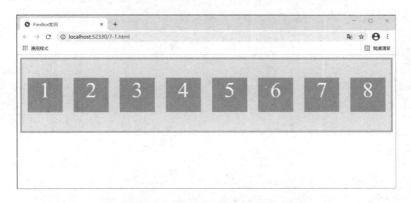

图 7-9-2　FlexBox 布局的显示效果

需要注意的是，当将容器设定为 FlexBox 布局后，它原有的子元素的 float 属性、clear 属性等将失效；但是对于它所包含的子元素将不受 Flex 布局的约束。

一、flex-direction 属性

FlexBox 布局采用单向的布局方式，子项目可以按照主轴方向排列，也可以按照交叉轴方向排列，具体的排列方向取决于 flex-direction 属性值，代码如下。

```
.container{
    flex-direction: row | row-reverse | column | column-reverse;
}
```

- row(默认)：子项目默认在主轴方向，即水平方向自左往右排列。
- row-reverse：子项目在主轴方向逆序排列，即水平方向自右往左排列。
- column：子项目在交叉轴方向，即垂直方向自上而下排列。
- column-reverse：同 row-reverse，子项目在垂直方向自下而上排列。

如图 7-9-3 所示，flex-direction 属性不同取值的子项目在容器内不同的排列方式。

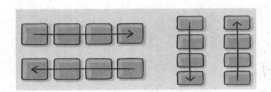

图 7-9-3　flex-direction 属性不同取值在容器内不同的排列方式

尝试在实例 7-26 中添加如下粗体代码，在浏览器中观察显示效果。

```
.container {
    display: flex;
    flex-direction: row-reverse;
    height:200px;
    background: yellow;
    border:5px solid skyblue;
}
```

二、flex-wrap 属性

默认情况下，FlexBox 容器通过自动调整（挤压）子项目的宽度，使得容器内的项目在一行内显示。当一行容纳不下所有子项目时，可使用 flex-wrap 属性强迫子项目换行显示。

代码如下。

```
.container {
    flex-wrap: nowrap | wrap | wrap-reverse;
}
```

代码说明。

- nowrap（默认）：不换行。
- wrap：一行容纳不下所有子项目时，排列方向取决于 flex-direction 属性。

● wrap-reverse：多行排列子项目时，排列的次序与 flex-direction 定义的方向相反。

【实例 7-27】flex-wrap 属性的示例。

CSS 代码如下。

```css
.container {
    display: flex;
    background: yellow;
    border:5px solid skyblue;
    width:800px;
    margin:10px;
}
.item {
    width: 8rem;
    height: 5rem;
    background-color: orange;
    color:white;
    font-size: 60px;
    text-align: center;
    margin:2px;
}
.blue {
    background-color:lightpink;
}
.wrap    {
    flex-wrap: wrap;
}
.wrap-reverse        {
    flex-wrap: wrap-reverse;
}
```

HTML 代码如下。

```html
<div class="container ">
    <div class="item">1</div>
    <div class="item">2</div>
    <div class="item">3</div>
    <div class="item">4</div>
    <div class="item">5</div>
    <div class="item">6</div>
    <div class="item">7</div>
    <div class="item">8</div>
```

```
</div>
<div class="container wrap">
    <div class="item">1</div>
    <div class="item">..</div>
    <div class="item">8</div>
</div>
<div class="container wrap-reverse">
    <div class="item">1</div>
    <div class="item">..</div>
    <div class="item">8</div>
</div>
```

代码说明：上例对比了不同 flex-wrap 属性值所带来的不同布局方式。第一组利用 no wrap 属性值，强制将 8 个子项挤压在同一行显示；第二组利用了 wrap 属性值，使得列表项在一行容纳不下的时候换行显示；第三组利用 wrap-reverse 属性值，使得列表项反向排列。flex-wrap 取值对于子项目排列影响如图 7-9-4 所示。

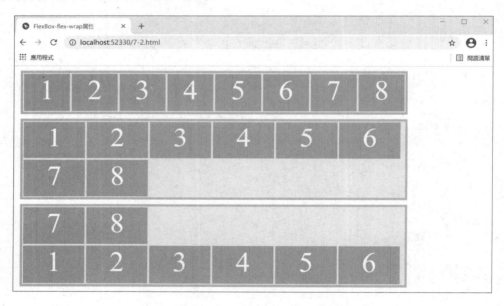

图 7-9-4　flex-wrap 取值对于子项目排列影响

三、justify-content 属性

子项目主轴方向的排列方式可以使用 justify-content 属性，该属性可以对当浏览器在主轴有剩余的可用空间或项目溢出时，控制子项目对齐和排列方式，代码如下。

```
.container {
    justify-content: flex-start | flex-end | center | space-between |
    space-around | space-evenly
}
```

代码说明。

- flex-start（默认值）：沿主轴方向左对齐。
- flex-end：沿主轴右对齐。
- center：沿主轴居中对齐。
- space-between：沿主轴方向两端对齐，子项目之间的空间均分。
- space-around：子项目之间的距离是两端容器到边框的 2 倍。
- space-evenly：子项目和容器、子项目之间的距离相等。

【实例 7-28】justify-content 属性在 FlexBox 布局中的示例。

下面的代码演示了 justify 取值为 flex-end、center、space-between 时，子项目在父容器内的排列方式。justify-content 属性在 FlexBox 布局中的显示效果如图 7-9-5 所示。

CSS 代码如下：

```css
.container {
    display: flex;
    background: yellow;
    border:5px solid skyblue;
    margin:10px;
}
.item {
    width: 5rem;
    height: 5rem;
    background-color: orange;
    color:white;
    font-size: 60px;
    text-align: center;
    margin:2px;
}
.flex-end{
    justify-content: flex-end;
}
.center{
    justify-content: center;
}
.space-between{
    justify-content: space-between;
}
```

HTML 代码如下：

```html
<div class="container ">
```

```
    <div class="item">1</div>
    <div class="item">..</div>
    <div class="item">8</div>
</div>
<div class="container flex-end">
    <div class="item">1</div>
    <div class="item">..</div>
    <div class="item">8</div>
</div>
<div class="container center">
    <div class="item">1</div>
    <div class="item">..</div>
    <div class="item">8</div>
</div>
<div class="container space-between">
    <div class="item">1</div>
    <div class="item">..</div>
    <div class="item">8</div>
</div>
```

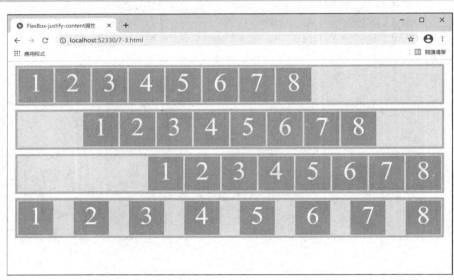

图 7-9-5　justify-content 属性在 FlexBox 布局中的显示效果

四、align-items 属性

前面介绍了利用 Justify-content 属性在 FlexBox 容器的主轴方向排列子项目；align-items 属性用于定义子项目在交叉轴方向的排列方式。通俗地讲，如果主轴方向是 x 轴，则 align-items 属性定义了子项目在 y 轴方向的排列方式，代码如下。

```
.container {
    align-items: stretch | flex-start | flex-end | center | baseline
}
```

代码说明。

● stretch（默认）：占据父容器的高度。

● flex-start：按照交叉轴的顶点对齐。

● flex-end：根据交叉轴的底端对齐。

● center：在交叉轴的中点对齐。

● baseline：根据子项目文字基线对齐。

【实例 7-29】align-items 属性在布局中的实际应用。

下面的代码演示了 align-items 属性对子项目的排列影响。align-items 属性在浏览器中的显示效果如图 7-9-6 所示。

CSS 代码如下：

```
.container {
    display: flex;
    background: yellow;
    border:5px solid skyblue;
    height:150px;
    margin:10px;
}
.item {
    width: 5rem;
    background-color: orange;
    color:white;
    font-size: 60px;
    text-align: center;
    margin:2px;
}
.flex-start{
    align-items: flex-start;
}
.center{
    align-items: center;
}
.baseline{
    align-items: baseline;
}
.small{
```

```
        font-size: 20px;
}
.medium{
        font-size:40px
}
```

HTML 代码如下：

```html
<div class="container">
    <div class="item">1</div>
    <div class="item">..</div>
    <div class="item">8</div>
</div>
<div class="container flex-start">
    <div class="item">1</div>
    <div class="item">..</div>
    <div class="item">8</div>
</div>
<div class="container center">
    <div class="item">1</div>
    <div class="item">..</div>
    <div class="item">8</div>
</div>
<div class="container baseline">
    <div class="item">1</div>
    <div class="item">..</div>
    <div class="item small">8</div>
</div>
```

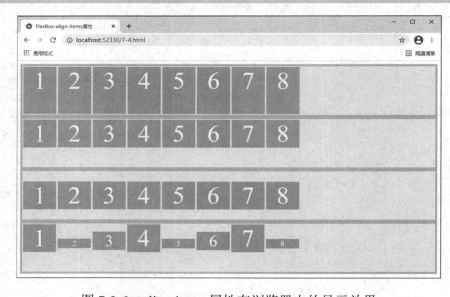

图 7-9-6　align-items 属性在浏览器中的显示效果

上例中，对于 align-items 属性，顶端容器为默认值，子项目在纵轴方向扩展至容器高度；第二个容器为 flex-start，子项目在纵轴方向顶端对齐；第三个容器为居中，则子项目在纵轴方向居中对齐；底端容器为 baseline，则子项目按照内部容器文字基线对齐。

需要注意的是，align-items 的属性值 stretch 仅在子项目未设定高度时有效。

五、align-content 属性

当交叉轴方向有多行，且该方向上存在多余空间时，align-content 属性可以控制子项目在交叉轴方向的对齐方式。仅当 FlexBox 容器的 flex-wrap 的属性值为 wrap 或者 wrap-reverse 时，align-contents 属性有效；当取值为 no wrap 时该属性无效。

如图 7-9-7 所示为 align-content 属性不同取值时子项目的排列效果。

图 7-9-7　align-content 属性不同取值时子项目的排列效果

7.9.3　项目属性

Flex 布局包含了父容器以及内部子项目等多种属性，之前的内容介绍了 Flex 容器相关属性。为了能够更为灵活地控制子项目的排列方式，需要进一步了解运用在子项目上的属性。本节的后续内容将围绕这一主题展开，介绍主要的项目属性。

一、order 属性

默认情况下，Flex 中的子项目按照它在代码中的次序排列，修改 order 属性值能够调整子项目在容器内的排列次序，代码如下。

```
.item {
    order: 5;
}
```

代码说明：order 属性的默认取值均为 0，其取值越大排列越靠后。

修改实例 7-26 中的代码，在浏览器中检查各子项目的显示效果，代码如下。

```
<div class="container">
    <div class="item">1</div>
    <div class="item" style="order:2">2</div>
    <div class="item">3</div>
    <div class="item" style="order:1">4</div>
    <div class="item">5</div>
    <div class="item">6</div>
```

```
    <div class="item">7</div>
    <div class="item">8</div>
</div>
```

二、flex-grow 属性

flex-grow 属性定义了子项目在有多余空间时的增长能力，代码如下。

```
.item {
    flex-grow: 4;
}
```

flex-grow 属性决定了当 FlexBox 容器内有多余空间时，子项目占用的可用空间比例。其默认值为 0，不拉伸。如果将所有子项目的 flex-grow 值设置为 1（即使其已经设置了固定宽度），flex 容器中的可用空间将在这些子项目之间平均分配，并且拉伸以填充主轴。

如果第一个项目的 flex-grow 取值为 0，第二个项目的 flex-grow 取值为 1，第三个项目的 flex-grow 取值为 2，则第一个项目不占用可用空间，第三个项目占用可用空间是第二个项目占用可用空间的二倍。

【实例 7-30】flex-grow 属性实际应用及计算方法。

本例定义了 Flex 容器宽度为 900px，子项目宽度为 100px，并定义三个子项目的 flex-grow 的取值分别为 0、1、2，尝试计算这 3 个子项目实际占据的宽度。

CSS 代码如下：

```
.container {
    display:flex;
    height:200px;
    width:900px;
    background: yellow;
    border:5px solid skyblue;
}
.item {
    width: 100px;
    margin: auto;
    background-color: orange;
    color:white;
    font-size: 60px;
    text-align: center;
}
.blue {
    background-color:lightpink;
}
```

HTML 代码如下：

```
<div class="item" style="flex-grow: 0">1</div>
<div class="item blue" style="flex-grow: 1">2</div>
<div class="item" style="flex-grow: 2">3</div>
```

代码说明：Flex 容器总宽度为 900px，子项目一 grow 为 0，第二、三个子项目拉升比例分别为 1、2。实际计算方法如下：3 个子项目按照它们定义的宽度占据父容器的宽度为 3*100px=300px，多余的 600px 除以 3 即每份 200px；根据比例调整子项目二和子项目三分别占据多余宽度中的 200px 和 400px，加上它们本身的宽度 100px，则这两个项目实际占据 300px 和 500px 宽度。运用谷歌开发者工具，可以检查各子项目所占的宽度，grow 属性对于子项目对多余空间的分配如图 7-9-8 所示。

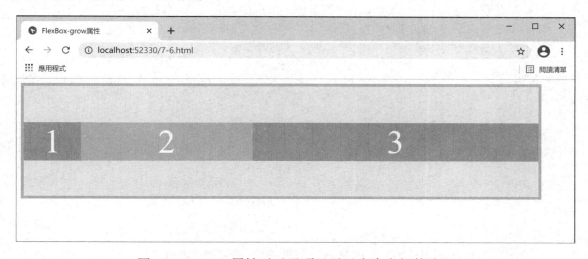

图 7-9-8　grow 属性对于子项目对于多余空间的分配

三、flex-shrink 属性

flex-grow 属性定义了容器内有可用空间时各子项目对于可用空间的分配方式，flex-shrink 属性定义了容器内空间不足时，各子项目的缩小方式，代码如下。

```
.item {
    flex-shrink: 3;
}
```

代码说明：flex-shrink 属性的默认值为 1，此时即使各项目设置了固定宽度，各项目也等比例缩小。将值设置为 0 时，即使容器空间不够，该项目也不缩小。

四、align-self 属性

align-self 属性用于覆盖 Flex 容器的 align-items 属性，它的取值及其含义请参考 align-items 相关章节。

如图 7-9-9 所示，将 align-self 属性设置为 flex-end，网页将更新该子项在纵轴的对齐方式。

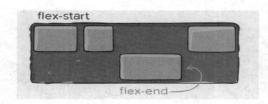

图 7-9-9　将 align-self 属性设置为 flex-end

7.10 ●●● 练习题

一、填空题

1. 浏览器支持_____、_____、_____这 3 种基本的布局模型。默认的布局模型是_____。

2. 定位属性 postion 有 3 种基本的定位方式，分别是_____、_____和_____，_____是默认的定位方式。

3. 若子元素为浮动时可能会造成父元素高度塌陷，这时需要利用_____属性恢复父元素高度。

4. 在利用定位技术进行定位时，_____属性确定采用哪种定位方式；_____、_____、_____、_____属性用来确定元素的最终位置；而_____属性用来确定元素的层叠顺序，其取值_____则元素离浏览者越近，同一网页中_____z-index 值相同。

5. 固定定位的参照对象是_____。

6. 默认定位元素在网页居中可以通过 CSS 代码_____实现。

7. 浮动 float 属性的取值有_____和_____。

8. HTML5 新增了_____、_____、_____、_____、_____、_____等语义标签。

二、简答题

请解释实例 7-13 中的两个元素为什么会产生重叠现象？

三、操作题

实现如图 7-10-1 所示的网页布局。要求：网页宽度 760px、页眉高度 90px、页脚高度 60px；左栏和右栏的宽度 120px、内容区域的宽度为 460px。

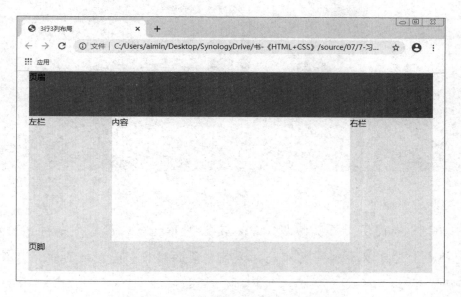

图 7-10-1　网页布局的显示效果

第 **8** 章

CSS 与网页排版

　　CSS 专门用于网页排版，可以定义网页的表现形式，是对 HTML 的补充。它可以控制网页布局，控制元素的渲染，能对网页中的字体、颜色、背景、图像等样式进行控制。

　　网页排版是指在有限的网页空间内，将构成网页的要素（文字、图像、广告等）进行有效组合，达到吸引浏览者的目的。网页设计师需要综合考虑字体、文本大小、文字颜色的搭配，图片与文字的组合，板块的分布，运用 CSS 技术实现网页各元素的有机结合。

　　本章首先介绍利用 CSS 定义文本、段落、列表、超链接等样式的方法，同时对相应的 CSS 属性进行了分析和说明；然后对行内元素的样式定义进行详细地介绍；最后介绍了定义和使用背景图像的方法，以及实现图文混排的方法。

 **8.1** ●●● **文本**

　　文本是表达信息的基本形式，运用 CSS 可以设置文本的格式，如字体、文字大小、粗体和斜体、颜色、大写和小写、文本装饰、文本阴影等。

8.1.1　字体

　　确定网站的标题和内容的字体是非常重要的，font-family 属性可以为文本定义字体，代码如下。

```
font-family:font-name;
```

例如，指定网页字体的代码如下。

```
body{
```

```
font-family:arial,sans-serif,Times New Roman;
}
```

代码说明：上例定义了 3 个字体：arial、sans-serif、Times New Roman，字体之间通过 ","分隔。

通常情况下，浏览器在打开网页时首先在本机系统中寻找第一种字体 "arial"，如果找到则使用该字体，如果找不到则寻找第二种字体 "sans-serif"，依次类推。如果本机没有安装指定的任何字体，则使用默认字体。

【实例 8-1】字体定义和应用的示例。

本例为网页列表项<li>定义了 5 个 id 选择器，分别定义了不同的字体，代码如下。

```
ol {
    font-size: 24px;
    margin-left:30px;
 }
 #kaishu{
  font-family:楷体;
 }
 #microsoft{
    font-family:微软雅黑;
}
 #serif {
    font-family: "Times New Roman", Times, serif;
 }
 #sans {
    font-family: Arial, Helvetica, sans-serif;
 }
 #mono {
    font-family: "Courier New", Courier, monospace;
 }

<ol>
    <li id="microsoft">font-family:微软雅黑</li>
    <li id="kaishu">font-family:楷体</li>
    <li id="serif">font-family:serif 字体</li>
    <li id="sans">font-family:sans-serif 字体</li>
    <li id="mono">font-family:monospace 字体</li>
</ol>
```

163

代码说明：一般来说，英文标题使用 Arial、Helvetica、sans-serif 字体，中文标题常用黑体或微软雅黑，段落使用宋体，文本使用 Times New Roman 字体。

不同字体的显示效果如图 8-1-1 所示。

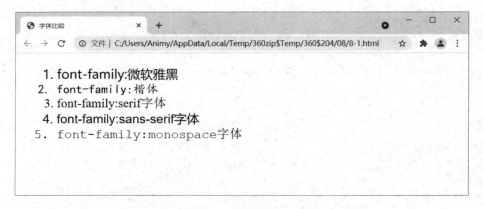

图 8-1-1　不同字体的显示效果

8.1.2　嵌入字体

尽管 Web 前端开发人员可以为文本定义任何字体，但由于字体文件是本机资源，如果本机系统中未安装字体，则使用默认字体替代。幸运的是，CSS3 支持嵌入字体。

一、定义字体

使用@font-face 定义嵌入字体。与大多数 CSS 元素不同的是，它不直接应用于网页中的元素，代码如下。

```
@font-face{
    font-family:name;
    src:url(URL);
    font-style:normal|italic|oblique;
    font-weight:normal|bold;
}
```

代码说明：font-family 属性定义字体名称，该名称可以在其他样式中被引用，src 属性指向字体文件，font-style 属性和 font-weight 属性定义斜体和粗体，这两个属性将在本书后续章节介绍。

定义@font-face 属性，代码如下。

```
@font-face {
    font-family:"Miama";
    src:url("Miama.otf");
}
```

代码说明：font-family 属性定义新字体的名称，即 font-family 属性的值是字体名称"Miama"。为了便于识别，它的名字可以和字体文件名相似。

src 属性值指向字体文件的 URL，文件名是 Miama.otf，这个文件必须已经存在于本地或者 Web 服务器中，否则会导致引用失败。

虽然基本上所有的浏览器都支持@font-face，但实际被支持的字体文件类型主要有 TTF、OTF、WOFF、OT EOT、SVG 等格式。

为兼容各种浏览器，可以为@font-face 指定多个 src 属性，分别对应不同的字体格式文件，从而能够兼容各种浏览器。

例如，下面的代码定义了 NewFont 字体，其字体文件指向了 So_dark.ttf 和 So_Dark.eot 文件。

```
@font-face
{
    font-family:NewFont;
    src: url("So_dark.ttf"),
         url("So_Dark.eot");
}
```

注意，不同的字体文件之间使用"，"分隔。

二、应用字体

完成了@font-face 定义后，NewFont 字体就可以和其他字体一样在样式中使用了，代码如下。

```
h1 {
    font-family:NewFont;
    font-size:300%;
}
```

【**实例 8-2**】嵌入字体的示例。

本例定义了两种新字体：Miama 和 Range，网页中的<h1>标签和<h2>标签分别使用了这两种新字体，代码如下。

```
body{
    font-size: 250%;
    font-weight:bold;
}
@font-face {
    font-family:"Miama";
    src: url("font/Miama.otf");
}
@font-face {
    font-family:"Range";
    src: url("font/Range-Bold.ttf");
```

```
    }
    .miama {
        font-family: Miama;
    }
    .range{
        font-family:Range;
    }

<span class="miama">Hello World</span>
<br>
<span class="range">Hello World</span>
```

代码说明：使用此技术开发网页时，需要在本地有字体文件的副本，它应该与网页位于同一文件夹中或者存放在字体文件夹中。当将网站发布至网络服务器时，需将字体文件与网页需要的所有其他资源一起传送到服务器。

嵌入字体的显示效果如图 8-1-2 所示。

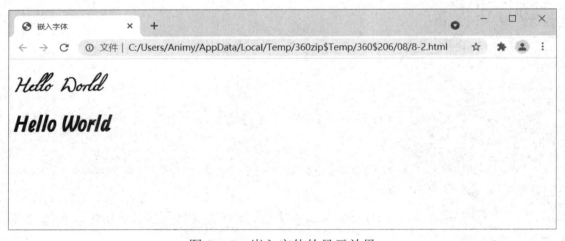

图 8-1-2　嵌入字体的显示效果

Google 字体是一种免费的字体资源，使用时可在网页中嵌入 Google 服务器上的字体，也可以复制字体至本地或者 Web 服务器。

另外，有很多第三方软件可以实现字体不同格式的转换，有兴趣的读者可以对字体格式作转换。

8.1.3　文字大小

font-size 属性定义了网页中的文字大小，代码如下。

```
font-size:px|%;
```

代码说明：font-size 属性的值决定了文字的大小，它有 2 种单位：绝对大小、相对大小。

一、绝对大小

绝对大小可以使用毫米（mm）、厘米（cm）、英寸（in）、磅（pt）或者像素（px）等单位。其中，使用像素为单位的代码如下。

```
<h3 style="font-size:30px">标题</>
<p style="font-size:16px">文本</p>
```

二、相对大小

相对大小是指文字大小是通过其父元素中的文字大小计算得到的。通常情况，相对大小可以通过 em 及百分比指定。

1em 相当于父元素文字大小的 1 倍，2em 相当于父元素文字大小的 2 倍，依次类推。

【实例 8-3】文字的绝对大小和相对大小的示例，代码如下。

```
#father {
    font-size:14px;
 }
#fix{
    font-size:18px;
 }
#em10 {
    font-size:1em;
 }
#em20 {
    font-size:2em;
 }
#per{
    font-size:200%;
 }

<div id="father">父元素字体大小:14px
    <p id="fix">字体大小: font-size:18px</p>
    <p id="em10">字体大小: font-size:1em</p>
    <p id="em20">字体大小: font-size:2em</p>
    <p id="per">字体大小: font-size:200%</p>
</div>
```

代码说明：上例定义了父元素 father 的文字大小为 14px，以及采用固定像素、em 及百分比方式设置文字大小。字体大小的显示效果如图 8-1-3 所示。

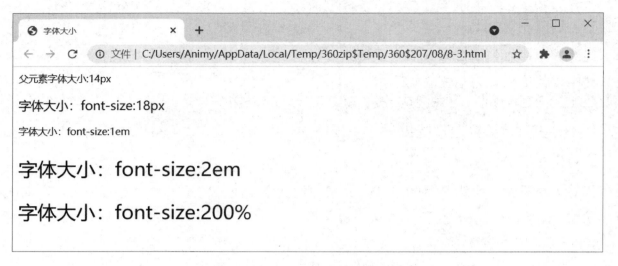

图 8-1-3　字体大小的显示效果

如果父元素 font-size 的属性也是 em，则依次往上一级元素寻找，如果都没有定义，则根据浏览器默认的字体大小进行换算。浏览器默认的文字大小一般为 16px。

需要注意的是，应该尽量避免重复定义文字大小，尤其应该减少 em 的嵌套定义。

8.1.4　粗体和斜体

粗体或斜体格式的文字可能是使文本脱颖而出的最常见和最有效的方法。例如，浏览器默认情况下以粗体格式显示 h1-h6 标题。

一、粗体

定义粗体文字请使用 font-weight 属性，代码如下。

```
font-weight: normal|bold
```

代码说明：font-weight 属性的取值范围有：normal、bold。其中 normal 是默认值，bold 为加粗，代码如下。

```
<p style="font-weight:normal">normal</p>
<p style="font-weight:bold">bold</p>
```

代码说明：font-weight 的另一个取值范围是从 100 至 900，400 相当于 normal，700 相当于 bold，有兴趣的读者可以尝试使用数值替代 normal 和 bold。

二、斜体

font-style 属性定义斜体文字，代码如下。

```
font-style: normal、italic
```

代码说明：font-style 属性常用的值是：normal、italic，normal 为默认值，italic 是斜体。

【**实例 8-4**】网页中为文本设置粗体和斜体，代码如下。

```
body{
    font-size:22px;
}


<p style="font-weight:normal">标准文字</p>
<p style="font-weight:bold">粗体文字:bold</p>
<p style="font-style:normal">标准文字</p>
<p style="font-style:italic">斜体文字</p>
<p style="font-style:italic;font-weight:bold">斜体加粗体</p>
```

粗体和斜体的显示效果如图 8-1-4 所示。

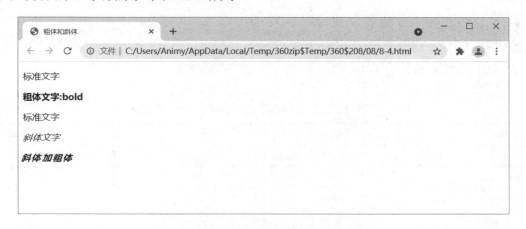

图 8-1-4　粗体和斜体的显示效果

8.1.5　颜色

颜色的使用在网页制作中起着非常关键的作用，很多网站以其成功的色彩搭配令人过目不忘。可以说，网站的成功在很大程度上取决于颜色的选择。

一、颜色的描述

网页颜色是指网页设计中各种颜色的表示方法，可以通过下列 3 种方式指定：颜色名、RGB 颜色、十六进制颜色。

1. 颜色名

HTML 定义了丰富的颜色名，常用的颜色名有红色 red、绿色 green、灰色 gray 等。利用颜色名容易记忆常用的颜色，也有助于提高网页的开发效率。

2. RGB 颜色

所谓的 RGB 颜色，是指通过 red、green、blue 这三种颜色的不同浓度来表示颜色。颜色的浓度值在 0-255 之间，255 表示最大，0 表示最小。

代码如下。

```
<body bgcolor="rgb(161,183,215)">
```

3．十六进制颜色

十六进制颜色值的原理同 RGB 颜色，它运用十六进制的 RGB 值表示颜色，在表达方式上使用了十六进制数。

这种颜色值使用 3 组 2 位的十六进制数组来表示一种颜色，每组表示一种颜色，取值范围是 00-FF。00 表示没有，相当于 RGB 中的 0；FF 表示最大，相当于 RGB 中的 255。

它的基本表达方法为#RRGGBB。其中 RR、GG、BB 分别是用十六进制数表示的红色、绿色、蓝色值。

例如，用十六进制颜色值表示蓝色，代码如下。

```
<body bgcolor="#0000FF">
```

表 8-1 列出了网页开发常用的颜色名与十六进制颜色值。

表 8-1　网页开发常用的颜色名与十六进制颜色值

名称	十六进制格式	RGB 格式	中文名称
Pink	#FFC0CB	255,192,203	粉红
Magenta	#FF00FF	255,0,255	洋红
Fuchsia	#FF00FF	255,0,255	紫红色
Purple	#800080	128,0,128	紫色
Blue	#0000FF	0,0,255	纯蓝
Dark Blue	#00008B	0,0,139	深蓝色
Navy	#000080	0,0,128	海军蓝
Sky Blue	#87CEEB	135,206,235	天蓝色
Deep Sky Blue	#00BFFF	0,191,255	深天蓝
Aqua	#00FFFF	0,255,255	水绿色
Teal	#008080	0,128,128	水鸭色
Lime	#00FF00	0,255,0	酸橙色
Green	#008000	0,128,0	纯绿
Dark Green	#006400	0,100,0	深绿色
Yellow	#FFFF00	255,255,0	纯黄
Olive	#808000	128,128,0	橄榄
Gold	#FFD700	255,215,0	金色
Red	#FF0000	255,0,0	纯红
Brown	#A52A2A	165,42,42	棕色
Dark Red	#8B0000	139,0,0	深红色
Maroon	#800000	128,0,0	栗色
White	#FFFFFF	255,255,255	纯白

名称	十六进制格式	RGB 格式	中文名称
Silver	#C0C0C0	192,192,192	银白色
Dark Gray	#A9A9A9	169,169,169	深灰色
Gray	#808080	128,128,128	灰色
Black	#000000	0,0,0	纯黑

二、颜色的应用

1. 文字颜色

在 CSS 中指定文字颜色可以使用 color 属性，代码如下。

```
body{
    color:#EE44BB;
}
h2 {
    color: navy;
}
```

2. 背景颜色

设置背景颜色可以使用 background-color 属性，代码如下。

```
body{
    color:#EE44BB;
    background-color: #C0C0C0;
}
h2 {
    color:navy;
    background-color:#EAEFF5;
}
```

8.1.6　大写和小写

text-transform 属性定义网页中文本的大小写，代码如下。

```
text-transform:uppercase|lowercase;
```

代码说明：text-transform 的属性值有：uppercase、lowercase。uppercase 将字母转换成大写，lowercase 将字母转换成小写。

一旦为文本定义了大写或小写，浏览器将忽略原始文本中的大小写，将文本全部转换为大写或者小写。

代码如下。

```
h1{
    text-transform:uppercase;
}
p{
    text-transform:lowercase;
}
```

代码说明：上例<h1>标签内的文本将全部转换为大写显示，段落<p>中的文本将转换为小写显示。

8.1.7　文本装饰

早期，运用 HTML 的<del>标签可以给文本添加删除线，<ins>标签为文档设置下画线。例如，给"$23.00"添加删除线，为"Now $9.99"添加下画线，代码如下。

```
<p>Old price: <del>$24.00</del> <ins>Now $9.99</ins></p>
```

CSS 属性 text-decoration 实现了上述 HTML 标签的功能，并且可以给文本定义更多的样式，代码如下。

```
text-decoration: none|underline|overline|line-through|blink|inherit;
```

代码说明：属性 text-decoration 可以为文本定义上画线、下画线等修饰，默认无修饰。它的取值范围及描述参见表 8-2。

表 8-2　text-decoration 的取值范围及描述

值	描述
none	默认。定义标准的文本
underline	定义文本下的一条线
overline	定义文本上的一条线
line-through	定义穿过文本下的一条线
blink	定义闪烁的文本
inherit	规定应该从父元素继承 text-decoration 属性的值

【实例 8-5】text- decoration，代码如下。

```
<h5 style="text-decoration:none">CSS 修饰文字-无修饰</h5>
<h5 style="text-decoration:underline">CSS 修饰文字-下画线</h5>
<h5 style="text-decoration:overline">CSS 修饰文字-上画线</h5>
<h5 style="text-decoration:line-through">CSS 修饰文字-删除线</h5>
```

代码说明：这段代码分别为文本定义了下画线、上画线、删除线。文字修饰的效果如图 8-1-5 所示。

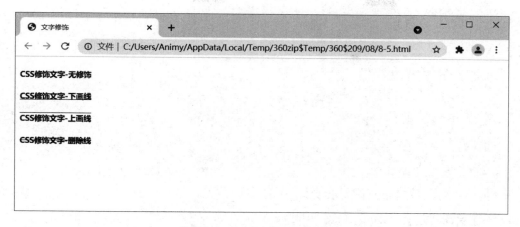

图 8-1-5　文字修饰的效果

8.1.8　文本阴影

text-shadow 属性的作用是为文本添加一个或者多个阴影。

一、单个阴影

单个阴影的代码如下。

```
text-shadow: <h-shadow> <v-shadow> blur|color;
```

代码说明：text-shadow 属性可以为文本添加水平及垂直方向的阴影，并为阴影指定颜色和距离。text-shadow 的参数和描述如表 8-3 所示。

表 8-3　text-shadow 的参数和描述

参数	描述
h-shadow	必需，定义水平阴影的位置。允许负值
v-shadow	必需，定义垂直阴影的位置。允许负值
blur	可选，模糊距离
color	可选，阴影的颜色

例如，为文字定义单一的阴影，代码如下。

```
.a{
    text-shadow:3px 3px 1px #000;
}
```

又如，为文字定义霓虹灯效果，代码如下。

```
.b{
    text-shadow:0 0 3px #FF0000;
}
```

二、定义多条阴影

给文字添加多条阴影，可以设计出丰富多彩的文字效果。多条阴影通过"，"分隔。

例如，为文字添加描边效果，代码如下。

```
.c {
    text-shadow: -1px 0px black, 0px 1px black, 1px 0px black, 0px -1px black;
    color:white;
}
```

代码说明：上例为文本添加 4 条阴影从而实现描边的效果。

【实例 8-6】示例演示了为文本添加阴影、霓虹灯效果、描边效果，代码如下。

```
body {
    font-size: 30px;
}
.a {
    text-shadow: 3px 3px 1px #000;
}
.b {
    text-shadow: 0 0 3px #FF0000;
}
.c {
    text-shadow:-1px 0px black,0px 1px black,1px 0px black, 0px -1px black;
    color:white;
}

<p class="a">文本阴影</p>
<p class="b">文本霓虹灯效果</p>
<p class="c">文本描边效果</p>
```

文本阴影的显示效果如图 8-1-6 所示。

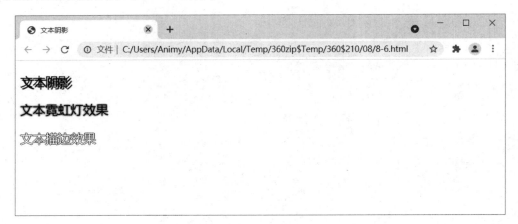

图 8-1-6　文本阴影的显示效果

8.2 ● ● ● 行内元素

本书前面已经介绍了运用<b>标签、<i>标签为文本设置粗体或斜体的方法，代码如下。

```
<p>I had a <b>great</b>time.</p>
```

代码说明：上述代码将文本"great"设置为粗体，如果将文本设置为斜体似乎还要嵌套<i>标签。继续添加诸如颜色、字体、字号等样式，是目前迫切需要解决的事情。

文本是行内元素，<span>标签一般用来修饰文本行中特定的文本。它的使用方法与<div>标签相同，为它添加 class 或者 id 属性后可以关联相关的 CSS 样式。注意，<span>标签是双标签。

例如，利用<span>标签实现上例文本样式的定义，代码如下。

```
<p>I had a <span style="font-weight:bold;">great</span>time</p>
```

【实例 8-7】运用<span>标签格式化文本，代码如下。

```
body{
    font-size:20px;
}
.most{
    font-weight:bold;
    font-style:italic;
    font-size:1.5em;
    background-color:#fef5ee;
}

<p>I had a <span class="most">great</span>time.</p>
```

代码说明：这段代码为类选择器 most 定义了粗体、斜体、1.5 倍文字大小、背景色等样式，并应用到<span class="most">标签和</span>标签包围的文字"great"。span 效果如图 8-2-1 所示。

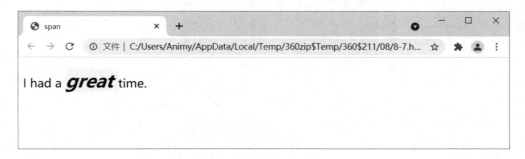

图 8-2-1　span 效果

和<div>标签一样，<span>标签也是网页中重要的元素，它们的使用频率非常高。运用这两种元素可以设计出绝大部分的网页效果。<div>标签是块级元素，用于构建网页框架；<span>标签是行内元素，用来修饰局部元素。

<span>标签用途广泛、使用方便，限于本书的篇幅，本书仅介绍<span>标签的基础知识，更多内容可以参考其他书籍或者资料。

8.3 ●●● 段落

前面已经介绍了网页中段落的基本概念，接下去介绍运用 CSS 格式化段落的方法。

8.3.1　对齐方式

对齐是指段落在其容器中放置的位置，使用 text-align 属性可以指定段落文本的水平对齐方式，代码如下。

```
text-align: left|right|center|justify;
```

代码说明：text-align 属性的值包括 left、right、center 和 justify，分别表示左对齐、右对齐、居中和两端对齐。

需要注意的是，text-align 属性只能控制块级元素中的行内元素，如控制段落、标题等块级元素中的文字，它对块级元素内部嵌套的块级元素是无效的。

【实例 8-8】text-align 属性设置段落对齐方式的示例，代码如下。

```
<p style="text-align:left;">长城（The Great Wall），又称万里长城，是中国古代的军事防御工程，是一道高大、坚固而连绵不断的城墙，用来限制敌军的行动。</p>
<p style="text-align:right;">长城（The Great Wall），又称万里长城，是中国古代的军事防御工程，是一道高大、坚固而连绵不断的城墙，用来限制敌军的行动。</p>
<p style="text-align:center">长城（The Great Wall），又称万里长城，是中国古代的军事防御工程，是一道高大、坚固而连绵不断的城墙，用来限制敌军的行动。</p>
```

对齐方式的显示效果如图 8-3-1 所示。

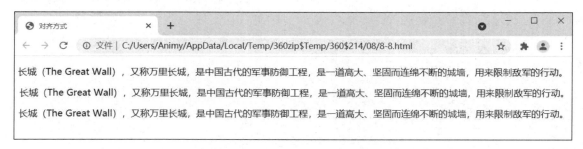

图 8-3-1　对齐方式的显示效果

8.3.2　段落缩进

段落缩进是指将文本在其默认位置向左或者向右偏移。有 3 种缩进的方法：padding、margin、text-indent。

一、padding

padding 属性可以在元素与其边框之间添加指定的间隙，它适用于该段落中的所有文本。例如，对单个段落指定内联样式，代码如下。

```
<p style ="padding: 20px">
```

同样，可以在样式表中指定如下样式，能将样式应用于网页中所有段落，代码如下。

```
p{
    padding:20px;
}
```

二、margin

利用 margin 属性可以在元素外围添加空间，以达到内容缩进的效果，代码如下。

```
<p style ="margin: 20px">
```

三、首行缩进:text-indent

中文一般采用首行缩进，将第 1 行缩进 2 个字符的位置。text-indent 属性可以为段落定义首行缩进。

例如，定义首行缩进 20px，代码如下。

```
<p style="text-indent:20px">
```

【实例 8-9】示例演示了运用 padding 属性、margin 属性、text-indent 属性设置段落缩进，代码如下。

```
.pad{
    padding:20px;background-color:#e3e3e3;
}
.mar{
    margin:40px;background-color:#e3e3e3;
}
.indent{
    text-indent:30px;
    background-color:#e3e3e3;
}
```

```
<p>长城（The Great Wall），又称万里长城，是中国古代的军事防御工程，是一道高大、坚固而
连绵不断的城墙，用来限制敌军的行动。</p>
<p class="pad">长城（The Great Wall），又称万里长城，是中国古代的军事防御工程，是一
道高大、坚固而连绵不断的城墙，用来限制敌军的行动。</p>
<p class="mar">长城（The Great Wall），又称万里长城，是中国古代的军事防御工程，是一
道高大、坚固而连绵不断的城墙，用来限制敌军的行动。</p>
<p class="indent">长城（The Great Wall），又称万里长城，是中国古代的军事防御工程，
是一道高大、坚固而连绵不断的城墙，用来限制敌军的行动。</p>
```

代码说明：为了便于观察，示例段落定义了背景色，段落缩进的显示效果如图 8-3-2 所示。请仔细观察 padding 属性、margin 属性、text-indent 属性在网页展示时的不同效果。

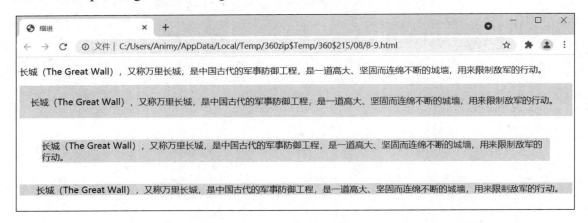

图 8-3-2　段落缩进的显示效果

8.3.3　间距

为文本设置适当的单词间距和字符间距，能够有效地提高阅读效率，使文本看起来清晰明了。运用 word-spacing 属性和 letter-spacing 属性可以控制文本中的单词间距和字符间距。

单词间距是单词与单词之间的距离，字符间距是两个字符之间的距离。它们的默认值为0，正数增加空间，负数减小空间。

例如，定义<h1>标签中的文本，其单词间距 4px、字符间距 2px，代码如下。

```
<h1 style="letter-spacing:2px;word-spacing:4px""></h1>
```

定义<p>标签中的文本的单词间距 2px、字符间距 1px，代码如下。

```
<p style="letter-spacing:1px;word-spacing:2px"></p>
```

【实例 8-10】单词间距与字符间距实例，代码如下。

```
.normal{

}
.special{
    letter-spacing:2px;word-spacing:4px

}
```

```
<p class="normal">Never put off till tomorrow what may be done today.</p>
<p class="special">Never put off till tomorrow what may be done today.</p>
```

代码说明：上例演示了为段落文本的单词间距定义为 4px，字符间距定义为 2px。间距的显示效果如图 8-3-3 所示。

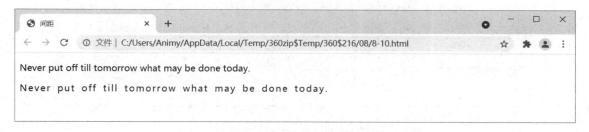

图 8-3-3　间距的显示效果

8.3.4　行高

行高是指段落中的行间距。使用稍大的行高能使文本阅读轻松。标题有多行时，较小的行高看起来较为时尚。

line-height 属性定义行高，行高可以是数字或百分比。

使用数字，则它是固定的度量单位，通常以像素（px）为单位。如果以后增加或减小字体大小，则行高不会改变；如果使用百分比，则浏览器根据行高百分比值乘以字体大小计算出行高。若更改字体大小，浏览器将重新计算出行高并作相应的调整。

例如，使用数字来固定行高 30px，代码如下。

```
<p style="line-height:30px">
```

例如，指定行高为文字大小的 2 倍，代码如下。

```
<p style="line-height:200%">
```

【实例 8-11】固定行高和百分比行高的示例，代码如下。

```
.fix{
    line-height:30px;background-color:#e3e3e3;
}
.rel{
    line-height:300%;background-color:#e3e3e3;
}

<p class="fix">长城（The Great Wall），又称万里长城，是中国古代的军事防御工程，是一
道高大、坚固而连绵不断的城墙，用来限制敌军的行动。</p>
<p class="rel">长城（The Great Wall），又称万里长城，是中国古代的军事防御工程，是一
道高大、坚固而连绵不断的城墙，用来限制敌军的行动。</p>
```

代码说明：上例演示了使用固定行高和百分比方式定义行高，第 1 段定义固定行高 30px，第 2 段定义百分比行高 300%。

行高的显示效果如图 8-3-4 所示。

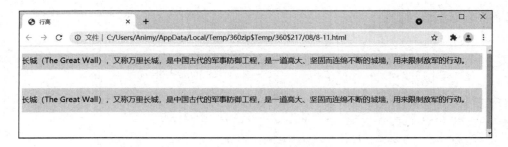

图 8-3-4　行高的显示效果

8.3.5　边框

边框可以应用于几乎所有标签，如段落、标题，列表，表格，对于块级元素和行内元素均有效。段落边框的定义方法与盒模型中的定义方法相同，如需帮助可查阅本书相关章节。

【实例 8-12】示例演示了为段落设置边框，以及为特定的文本设置边框的方法，代码如下。

```
.border1{
    border:1px grey solid;padding:8px;
}
.border2{
    border:1px black dotted;
}


<h4>段落和 span 边框</h4>
<p class="border1">长城（The Great Wall），又称万里长城，是中国古代的军事防御工程，
是一道高大、坚固而连绵不断的城墙，用来限制敌军的行动。<span class="border2">长城</span>
不是一道单纯孤立的城墙，而是以城墙为主体，同大量的城、障、亭、标相结合的防御体系。</p>
```

代码说明：上例为段落定义了实线边框，运用<span>标签为文本"长城"添加了点线边框。段落边框的显示效果如图 8-3-5 所示。

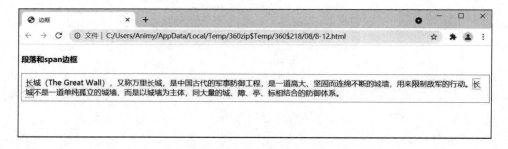

图 8-3-5　段落边框的显示效果

8.3.6　分栏

CSS3 提供了 column-count、column-width、column-gap、column-rule 四个属性定义，可以为段落分栏。其中，column-count 定义栏数；column-width 定义栏宽；column-gap 定义栏间的距离；column-rule 定义分割线样式。

例如，下述代码将段落分为 3 栏，代码如下。

```
#columns {
    column-count:3;
    column-gap:20px;
    column-rule:1px dotted #BBB;
}
```

8.4　●●● 列表

在本书的第一部分已经介绍了 HTML 列表的基础知识，接下来进一步介绍利用 CSS 修饰列表的方法。

列表，尤其是无序列表在网页布局和排版方面有着极其强大的功能，可以定义诸如新闻列表、网页导航等元素，由于其结构清晰，再加上 CSS 对其样式的扩充，其使用频率相当高，是 web 前端设计人员常用的元素之一。

HTML 提供了默认的列表样式，但是这些列表的样式很单调。CSS 在此基础上，添加了新的样式，主要包括 list-style-type、list-style-image、list-style-position 属性。

表 8-4 列出了以上 3 个属性的值和说明。

表 8-4　列表属性的值和说明

属性	值	说明
list-style-type	none 无标记；disc 默认，标记是实心圆；circle 空心圆；square，实心方块；decimal 标记是数字。lower-roman，小写罗马数字；upper-roman，大写罗马数字；lower-alpha，小写英文字母；upper-alpha，大写英文字母	设置列表项符号类型
list-style-image	url（图像的路径）；none，默认无图形被显示；inherit 规定应该从父元素继承 list-style-image 属性的值	将图像设置为列表项符号
list-style-position	inside，列表项目标记放置在文本以内，且环绕文本根据标记对齐；outside，默认值保持标记位于文本的左侧。列表项目标记放置在文本以外，且环绕文本不根据标记对齐；Inherit 规定应该从父元素继承 list-style-position 属性的值	设置列表中列表符号的位置

8.4.1　符号与位置

无序列表是 Web 前端设计与开发中最常见的列表，它被大多数网站中的导航采用。

早期使用<ul>标签的 type 属性定义项目符号的方法已被 CSS 的 list-style-type 属性替代；list-style-position 属性用于定义项目符号的位置。

使用 list-style-type 属性定义项目符号，代码如下。

```
list-style-type: none |disc |circle |square |decimal |lower-alpha|upper-alpha;
```

代码说明：list-style-type 属性的值的描述参考表 8-4。

使用 list-style-position 属性定义项目符号的位置，代码如下。

```
list-style-position: inside| outside| Inherit;
```

代码说明：list-style-position 属性的值的描述参考表 8-4。

【实例 8-13】list-style-type 和 list-style-position 的用法示例，代码如下。

```
ul{
    width:343px;
    margin:10px;
    float:left;
    background-color:#e3e3e3;
}
ul.circleInside{
    list-style-type:circle;
    list-style-position:inside;
}
ul.discOutside{
    list-style-type:disc;
    list-style-position:outside;
}

<ul class="circleInside">
   <li><a href="index.htm">Home</a></li>
   <li><a href="tips.htm">Tips</a></li>
</ul>
<ul class="discOutside">
   <li><a href="index.htm">Home</a></li>
   <li><a href="tips.htm">Tips</a></li>
</ul>
```

代码说明：上例演示了运用 list-style-type 属性设置项目符号，以及利用 list-style-position 属性定义项目符号位置的方法。

请注意观察 list-style-position 属性的值 inside 和 outside 对于项目符号位置的区别，二者在浏览器中的显示效果如图 8-4-1 所示。

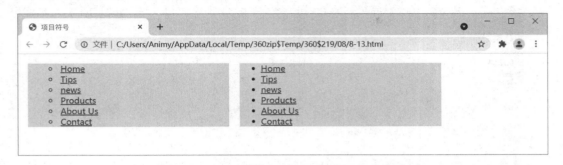

图 8-4-1　项目符号的显示效果

8.4.2　图标替换项目符号

为了美化网页效果，Web 前端开发工程师通常使用自己绘制的图标替代默认的项目符号。利用 list-style-image 属性，可以在项目列表中使用图像。

list-style-image 属性的取值参见表 8-4。

```
list-style-image:url(URL)|none|inherit;
```

代码说明：list-style-image 属性的默认值是无（none）；URL 属性指向图像（图标）文件；inherit 为基础父元素的属性值。

【实例 8-14】在项目列表项中使用图像的示例，代码如下。

```
ul{
    width:350px;margin:10px;float:left;
}
ul.arrow{
    list-style-image:url(icons/arrow.gif)
}


<ul>
    <li><a href="index.htm">Home</a></li>
    <li><a href="tips.htm">Tips</a></li>
</ul>
<ul class="arrow">
    <li><a href="index.htm">Home</a></li>
    <li><a href="tips.htm">Tips</a></li>
</ul>
```

代码说明：示例定义了 2 个无序列表，第 1 个列表使用默认项目符号，第 2 个列表使用图像作为项目符号。列表符号的显示效果如图 8-4-2 所示。

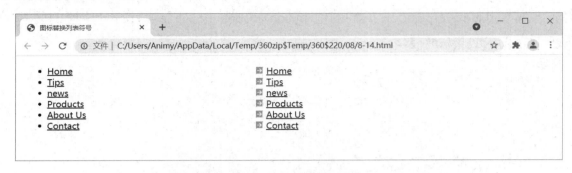

图 8-4-2　列表符号的显示效果

如图 8-4-2 所示，左侧的列表项使用默认的项目符号，右侧的列表项符号使用了图像。两者之间的效果显而易见，图像作为项目符号更有个性，符合审美要求。

在这里重新回顾一下 CSS 的包含选择器和元素指定选择器。上例样式表中的"ul.arrow"之间是没有空格的，使用了元素指定选择器，对应"<ul class="arrow">"标签。如在"ul.arrow"之间加上空格，如"ul　.arrow"，则是包含选择器，相当于将样式运用于下述 HTML 代码。

```
<ul>
    <li><a class="arrow"></a></li>
</ul>
```

8.4.3　列表项行内显示

列表项默认的 display 属性的值是 block，即以单列垂直方向显示各列表项。若将 display 属性的值设置为 inline，则可调整其在水平方向并列显示。

【实例 8-15】列表项行内显示的示例，代码如下。

```
li{
    margin:5px;
    display:inline;
}


<ul">
    <li><a href="index.htm">Home</a></li>
    <li><a href="tips.htm">Tips</a></li>
</ul>
```

代码说明：上面的示例演示了将列表项设置为行内元素的方法，其中的粗体代码设置列表项以行内元素的方式显示，从而使各列表项在水平方向并列显示。列表项行内显示的效果如图 8-4-3 所示。

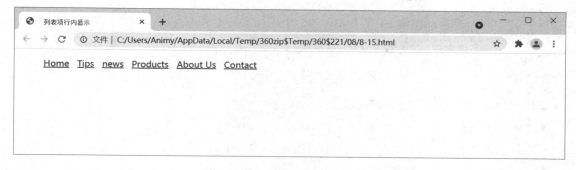

图 8-4-3　列表项行内显示的效果

8.4.4　列表综合属性

list-style 属性合并了前面所述的三种属性，利用它可以同时定义 list-style-type、list-style-image 和 list-style-position 这 3 种属性。

代码如下。

```
<ul style="list-style:outside square none">
```

或者，代码如下。

```
<ul style="list-style:inside none circle ">
```

代码说明：和 border 属性一样，属性值的次序不影响列表的显示效果。

【实例 8-16】list-style 的示例，代码如下。

```
    ul{
        width:200px;
        float:left
    }
    ul.a{
        list-style:outside square none
    }
    ul.b{
        list-style:circle inside none
    }
    ul.c{
        list-style:url(icons/arrow.gif) circle inside
    }


<ul class="a">
    <li><a href="index.htm">Home</a></li>
    <li><a href="tips.htm">Tips</a></li>
</ul>
```

```
<ul class="b">
    <li><a href="index.htm">Home</a></li>
    <li><a href="tips.htm">Tips</a></li>
</ul>
<ul class="c">
    <li><a href="index.htm">Home</a></li>
    <li><a href="tips.htm">Tips</a></li>
</ul>
```

代码说明：示例运用 list-style 属性分别定义了 3 个无序列表的样式，无序列表的显示效果如图 8-4-4 所示。

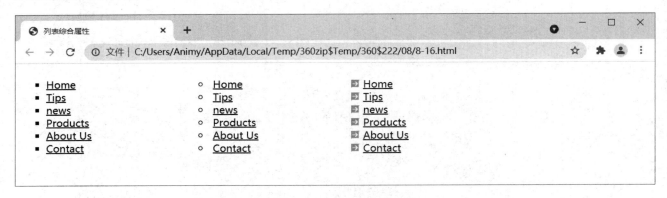

图 8-4-4　无序列表的显示效果

需要注意的是，list-style-image 的优先级比 list-style-type 高，当二者被同时定义的时候以 list-style-image 属性为准，除非它被设置为 none 或者指定的图像不存在。

8.5 ●●● 超链接

使网站易于访问的一种方法是在每个网页放置样式和位置一致的导航栏。导航栏是由一组超链接组成的，这些超链接连接到网站的主要网页。

8.5.1　文字导航

为了便于浏览者能够及时掌握网页中超链接的访问情况，CSS 可以为不同状态定义超链接样式。例如：未访问过（link）、已访问过（visited）、当前激活链接（active）、鼠标停留（hover）定义了不同的样式，分别由 a:link、a:visited、a:active、a:hover 这 4 个伪类控制。

以下是 CSS 代码为上述 4 种不同的状态定义超链接的样式，代码如下。

```
a:link{
    color:blue;
}
a:visited{
    color:gray;
}
a:active{
    color:red;
}
a:hover{
    color:orange;
}
```

代码说明：其中，a:link 定义了网页中未被访问过的超链接的样式；a:visited 定义了网页中已被访问过的超链接的样式；a:active 定义了网页中的超链接被光标点中但是还未释放时超链接的样式；a:hover 定义了光标移至超链接上方时的样式。

利用这些伪类可以灵活定义超链接在不同状态下的样式。例如，可以控制文字的颜色、背景色、下画线、粗体、斜体，以及光标形状等样式。

【实例 8-17】导航栏超链接样式的示例，代码如下。

```
ul li {
    text-align: left;
    display: inline;
    margin-right: 20px;
}
ul li a{
    width:60px;
    font-size:16px;
    text-decoration:none;
}
ul li a:link{
    color:#0399d3;
}
ul li a:visited{
    color: gray;
}
ul li a:hover{
    color: #ffa500;
    text-decoration: underline;
```

```
            font-weight:bold;
      }


<ul>
   <li><a href="index.htm">Home</a></li>
   <li><a href="tips.htm">Tips</a></li>
   <li><a href="news.htm">news</a></li>
   <li><a href="products.htm">Products</a></li>
   <li><a href="aboutus.htm">About Us</a></li>
   <li><a href="contact.htm">Contact</a></li>
</ul>
```

代码说明：上例演示了为导航栏中不同状态超链接定义样式的方法。文字导航的显示效果如图 8-5-1 所示。

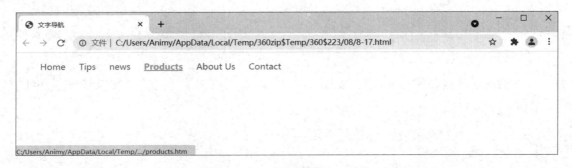

图 8-5-1　文字导航的显示效果

8.5.2　按钮导航

文本超链接清晰明了，缺点是不够吸引人，网页前端设计师更偏向使用按钮或其他图形创建导航栏。

将<a>标签设置为块级元素，为其添加背景颜色、运用 border-radius 属性添加圆角边框线，运用 box-shadow 属性添加阴影，可使其外观如同真实的按钮。修改超链接的光标悬停样式，使光标具有动态的效果，为导航增添交互的效果。

【实例 8-18】按钮导航示例，代码如下。

```
#nav ul {
    margin-left: -2.5em;
}
#nav li {
    list-style-type: none;
    width: 7em;
    text-align: center;
```

```
        float: left;
    }
    #nav a {
        text-decoration: none;
        color: black;
        display: block;
        background-color: #EEEEFF;
        box-shadow: 5px 5px 5px gray;
        margin-bottom: 2px;
        margin-right: 2px;
        border-radius: 5px;
        border: 3px outset #EEEEFF;
    }
    #nav a:hover {
        background-color: #DDDDEE;
        box-shadow: 3px 3px 3px gray;
        border: none;
    }
<ul id="nav">
    <li><a href="index.htm">Home</a></li>
    <li><a href="tips.htm">Tips</a></li>
    <li><a href="news.htm">news</a></li>
    <li><a href="products.htm">Products</a></li>
    <li><a href="aboutus.htm">About Us</a></li>
    <li><a href="contact.htm">Contact</a></li>
</ul>
```

代码说明：上例演示了将文本导航栏更改为基于按钮的导航栏。相关的 CSS 代码保存在 css 文件夹下，文件名是：buttonlink.css。按钮导航的显示效果如图 8-5-2 所示。

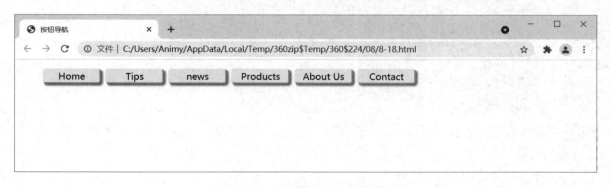

图 8-5-2　按钮导航的显示效果

【实例8-19】将图像超链接放置在<li>标签和</li>标签之间，可将列表项的背景设置为图像，实现图像导航栏，代码如下。

```
<ul id="nav">
    <li><a href="index.htm"><img src="images/home.gif"></a></li>
    <li><a href="tips.htm"><img src="images/products.gif"></a></li>
</ul>
```

尝试将代码8-18.html修改为图像导航栏，并在浏览器中查看显示效果。完整的示例代码可在源代码文件中获取，其文件名为8-19.html。

8.6　背景图像

将图像插入网页，或者为块级元素设置背景图像，可以在很大程度上提高网页的表现力。对于图像的样式定义方式，包括图像大小、边框、浮动等样式与盒模型中介绍的基本一致，读者可查阅相关章节获取必要的信息。本节介绍图像作为背景时，其样式的定义方法。

8.6.1　添加背景图像

利用background-image属性可以为网页中的块级元素定义背景图像。

例如，指定图像bg.jpg作为元素的背景，代码如下。

```
background-image:url(bg.jpg);
```

【实例8-20】定义背景图像的示例，代码如下。

```
#content{
    width:500px;
    height:350px;
    background-image:url(images/bg.png);
}


<div id="content">
    <h4 style="padding:20px;">背景图像</h4>
</div>
```

代码说明：默认情况下，背景图像定位于块级元素的左上角。背景图像的显示效果如图8-6-1所示。

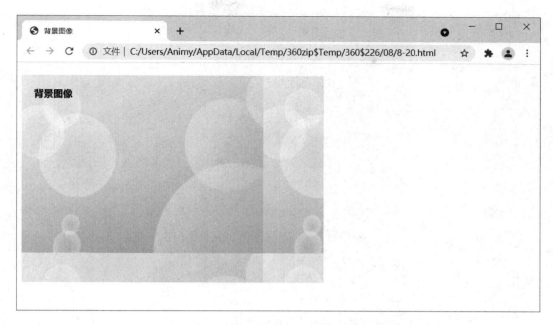

图 8-6-1　背景图像的显示效果

上例中容器 content 的尺寸（宽和高为 500px 和 350px）大于图像（宽为 400px、高为 300px），默认情况下容器重复显示图片。

8.6.2　背景图像重复

当容器大于图像的时候，可以利用 background-repeat 属性避免图像的重复显示。表 8-5 列出了 background-repeate 属性的值和描述。

表 8-5　background-repeate 属性的值和描述

值	描述
repeat	背景图像将向垂直和水平方向重复。这是默认
repeat-x	只有水平位置会重复背景图像
repeat-y	只有垂直位置会重复背景图像
no-repeat	background-image 不会重复
inherit	指定 background-repea 属性设置应该从父元素继承

例如，x 轴方向重复显示背景图像，代码如下。

```
background-repeat: repeat-x;
```

又如，y 轴方向重复显示背景图像，代码如下。

```
background-repeat: repeat-y;
```

【实例 8-21】背景图像不重复。

修改实例 8-20 的代码，在样式表中指定 background-repeat:no-repeat。为了便于观察，将容器 content 的背景色设为灰色，代码如下。

```
#content{
    background-color:#e3e3e3;
    width:500px;
    height:350px;
    background-image:url(images/bg.png);
    background-repeat:no-repeat;
}
```

代码说明：背景图像不重复的显示效果如图 8-6-2 所示。图像在 x 方向和 y 方向均未重复显示。由于图像尺寸小于容器 content，容器 content 的右侧和下方留下了灰色空白区域。修改后的完整代码可在源代码文件夹中找到，其文件名为 8-21.html。

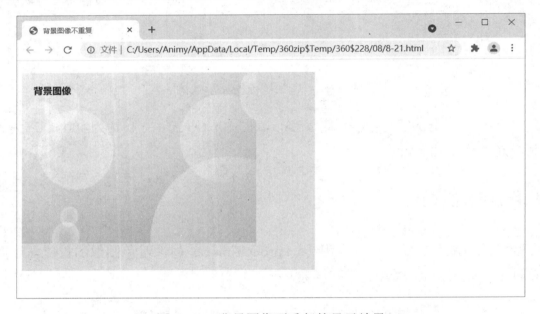

图 8-6-2　背景图像不重复的显示效果

8.6.3　背景图像定位

background-position 用来定位图像的位置，主要使用在一张图像上有多个 logo 或者 ico 的时候，可以通过指定水平方向和垂直方向的位置获取图像中的某个图形。

一、background-position

background-position 属性可以定位图像的显示位置，通过指定 x 轴和 y 轴的数值指定具体的位置。简单地说，就是以图像的左上角顶点为原点，向右和向下都为正数，反之都为负数，代码如下。

```
background-position:x  y;
```

代码说明：background-position 属性值由两个值组成，第 1 个是水平方向位置，第 2 个是垂直方向的位置。

将图片向上移动 30px，代码如下。

```
background-position:left  -30px;
```

代码说明：left 指从图像的最左端读起，-30px 就是将图片向上移动 29px。

将图片向右移动 15px，向下移动 20px，代码如下。

```
background-position:15px 20px;
```

【实例 8-22】背景图像定位的示例，代码如下。

```
#content{
    background-color:#e3e3e3;
    width:500px;
    height:350px;
    background-image:url(images/bg.png);
    background-repeat:no-repeat;
    background-position:100px 50px;
}
```

代码说明：修改实例 8-20 的代码，在样式表中添加 background-position 属性，定义背景图像相对于容器在 x 轴方向偏移 100px，在 y 轴方向偏移 50px。背景图像定位的显示效果如图 8-6-3 所示。

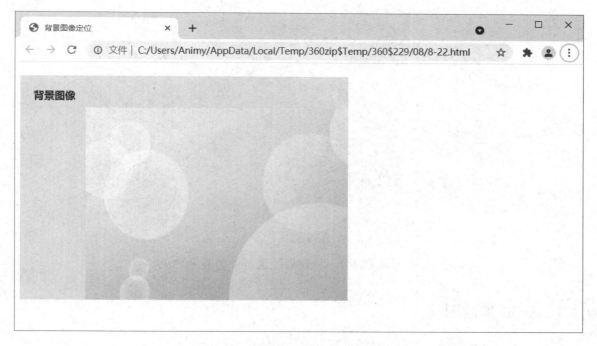

图 8-6-3　背景图像定位的显示效果

二、background-position-x 和 background-position-y

background-position-x 和 background-position-y 属性是 background-position 在 x 轴和 y 轴方向的细分，其取值包括：length（长度）、left（居左）、center（居中）、right（居右）。

【**实例 8-23**】background-position-x 和 background-position-y 的示例，代码如下。

```
#content{
    background-color:#e3e3e3;
    width:500px;
    height:350px;
    background-image:url(images/bg.png);
    background-repeat:no-repeat;
    background-position-x:center;
    background-position-y:center;
}
```

代码的文件名为 8-23.html，可在源代码文件夹中找到。

代码说明：这段代码演示了将背景图像在水平方向和垂直方向均居中放置。背景图像居中的显示效果如图 8-6-4 所示。

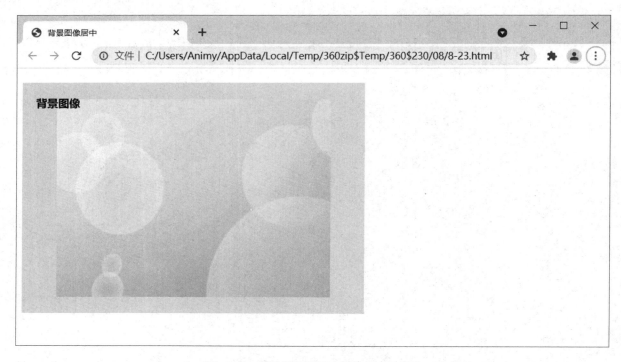

图 8-6-4　背景图像居中的显示效果

8.6.4　固定背景图像

background-attachment 属性用于定义背景图像是否随着屏幕同步滚动，代码如下。

```
background-attachment:scroll|fixed|inhert;
```

代码说明：取值包括滚动 scroll、固定 fixed，inhert 继承父元素的 background-attachment 属性。

【实例 8-24】固定背景图像的示例。

```
<!DOCTYPE HTML>
<html>
<head>
    <meta charset="UTF-8"/>
    <title>背景图像定位</title>
    <style>
        #content {
            background-color: #e3e3e3;
            width: 500px;
            height: 350px;
            background-image: url(images/bg2.png);
            background-repeat: no-repeat;
            background-attachment: fixed;
        }
    </style>
</head>
<body>
    <div id="content">
        <h4 style="padding:20px;">背景图像</h4>
    </div>
</body>
</html>
```

修改实例 8-18 的代码，将 background-attachment 属性设置为 fixed。在浏览器中打开后，上下滚动窗口，查看背景图像的固定时的效果。

8.6.5　背景图像自适应

在上述的示例中，图像大小均没有根据容器的大小自动调整。在 CSS 中添加下述代码，可以实现背景图像自适应，代码如下。

```
background-size: cover;
-webkit-background-size: cover;
-o-background-size: cover;
```

代码说明：第一行代码是图片自适应父容器，后面的两行代码分别兼容 Chrome 浏览器和 Opera 浏览器。

【**实例 8-25**】背景图像自适应的示例。

示例展示了背景图像自适应容器的方法。由于在其中添加了图像自适应容器的相关代码，所以它的大小将和容器的大小保持一致，代码如下。

```
#content{
    background-color:#e3e3e3;
    width:500px;
    height:350px;
    background-image:url(images/bg.png);
    background-repeat:no-repeat;
    background-size: cover;
    -webkit-background-size: cover;
    -o-background-size: cover;
}

<div id="content">
    <h4 style="padding:20px;">背景图像</h4>
</div>
```

背景图像自适应的显示效果，如图 8-6-5 所示。

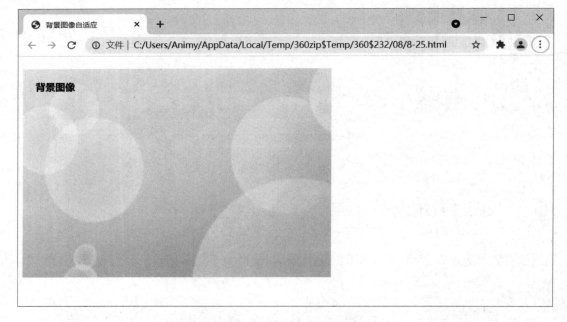

图 8-6-5　背景图像自适应的显示效果

尝试修改实例 8-25 中容器 content 的大小，然后在浏览器窗口中检查背景图像自适应父容器的情况。

8.7 ••• 练习题

一、填空题

1. 嵌入字体使用_____定义，_____属性定义字体名称，_____属性指定字体文件的路径。

2. _____属性可以定义粗体文字，_____可以定义斜体文字。

3. 网页中使用颜色有如下方式，分别是_____，_____，_____。

4. _____属性用来调整文本在段落中的对齐方式，其取值包括_____、_____、_____、_____。

5. 设置列表项目符号使用_____属性，将项目符号设置为图像使用_____属性，设置列表符号位置使用_____属性。

6. 将列表项定义为行内显示，必须将_____标签的_____属性定义为_____。

7. 为盒子定义背景图像可以使用_____属性，_____属性设置为_____可以避免背景图像重复。

8. 表示超链接正常状态的伪类是_____，表示超链接被访问过的伪类是_____，表示光标移到超链接上的伪类是_____，表示超链接激活状态的伪类是_____。

二、操作题

1. 利用 CSS 的分栏功能，将文本分为三栏，如图 8-7-1 所示。

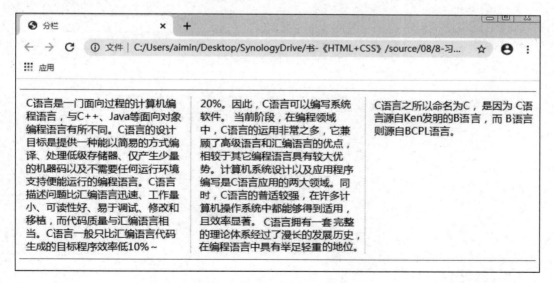

图 8-7-1　分栏效果

2．实现如图 8-7-2 所示的图文混排。

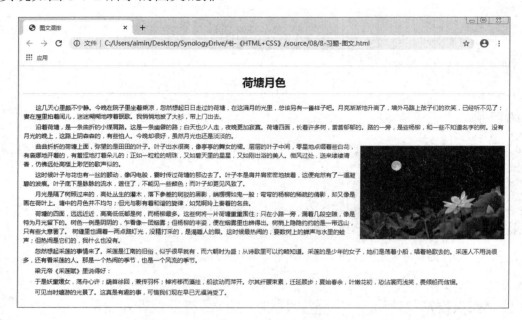

图 8-7-2　图文混排实例

3．利用列表的 display:none|block 特性，实现如图 8-7-3 所示的多级动态导航栏。

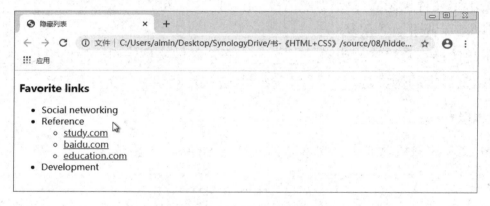

图 8-7-3　多级动态导航栏

第 **9** 章

表　格

相信大家对日常生活中的表格非常熟悉，如调查数据、事件日历、公交时刻表等。HTML 可以很好地处理表格，将复杂的数据以表格的形式呈现给网页浏览者。例如，在电子商务网站中可以在表格中显示历史订单，或者利用表格展示学生成绩等。

本章介绍在网页中创建表格的方法、合并单元格的方法，以及利用相关的属性进行格式化表格及相关元素的方法，最后结合实例介绍运用 CSS 定义表格样式的方法。

9.1 ●●● 创建表格

使用文字处理软件创建表格是现代职场人士应具备的基本能力。表格是由行和列组成的，它们的交点形成单元格。每个单元格都是一个不同的区域，可以在单元格中放置文本、图形甚至其他表格。

在 Microsoft Word 中可以使用菜单功能快速创建一个表格，而在网页中可以使用<table>标签创建一个表格。

创建表格的代码如下。

```
<table>
  <tr>
    <td>Cell 1</td>
    <td>Cell 2</td>
    ……
  </tr>
  ……
</table>
```

代码说明：<table>标签在网页中定义表格；<tr>标签定义表格中的行，包括一个或多个单元格；<td>标签定义表格的单元格。

注意，上述标签均是成对出现，遗漏标签将导致表格解析错误。

【实例9-1】运用<table>标签、<tr>标签、<td>标签，在网页中添加表格，代码如下。

```html
<h4>订单详情</h4>
<hr>
<table>
    <tr>
        <td>序号</td>
        <td>名称</td>
        <td>出版社</td>
        <td>单价</td>
        <td>数量</td>
    </tr>
    <tr>
        <td>1</td>
        <td>图书 1</td>
        <td>出版社 1</td>
        <td>29.00</td>
        <td>1</td>
    </tr>
    <tr>
        <td>2</td>
        <td>图书 2</td>
        <td>出版社 2</td>
        <td>38.00</td>
        <td>2</td>
    </tr>
</table>
```

在默认情况下，浏览器能够自动调整表格的大小使其能容纳所有单元格。也就是说，浏览器能够根据表格中每个单元格的高度和宽度自动作相应的调节，添加或删除单元格或单元格中的内容时，表格将自动收缩或扩展。

运用表格的属性，可以调整表格默认的显示方式。

在网页中添加表格的显示效果如图9-1-1所示。

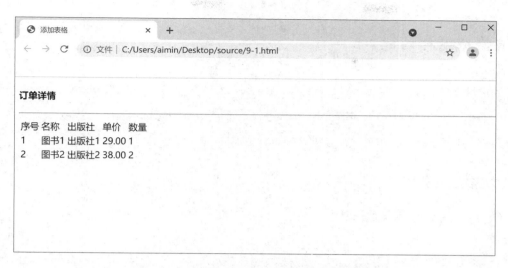

图 9-1-1　在网页中添加表格的显示效果

<table>标签的相关属性能够控制表格的外观。例如，为表格添加边框线，定义表格宽度、背景颜色等。

表 9-1 列出了<table>标签常用属性及属性值描述。

表 9-1　<table>标签常用属性及属性值描述

属性	值	描述
align	left、center、right	定义表格相对周围元素的对齐方式，*不赞成使用，可使用样式替代
background	url	定义表格背景图
bgcolor	rgb(x,x,x) #xxxxxx color name	定义表格的背景颜色，*不赞成使用。请使用样式替代
border	px	定义表格边框的宽度
bordercolor	rgb(x,x,x) #xxxxxx color name	定义边框线颜色
cellpadding	Px/%	定义单元格边缘与其内容之间的距离
cellspacing	px/%	定义单元格之间的空白
summary	text	定义表格的摘要
width	px/%	定义表格的宽度

9.2.1　表格宽度和列宽

表格的默认宽度往往令表格的呈现效果很紧凑，不易区分各单元格。如图 9-1-1 所示，单元格内容之间的间距很小，阅读起来比较困难。在这种情况下，将表格的宽度设置为100%，从而强制表格在水平方向扩展至浏览器窗口整个宽度。

一、为表格定义宽度

width 属性可以定义表格的宽度，其值可以是数字，也可以是百分比。

代码如下。

```
<table width="750">              /*定义表格宽度为 750 像素*/
<table width="90%">              /*定义表格宽度为浏览器宽度的 90%*/
```

【实例 9-2】调整表格宽度的示例，代码如下。

```
<!DOCTYPE html>
<html lang="en">
<head>
    <meta charset="UTF-8" />
    <title>表格宽度</title>
</head>
<body>
    <h4>订单详情</h4>
    <hr>
    <table width="95%" >
        <tr>
            <td>序号</td>
            <td>名称</td>
            <td>出版社</td>
            <td>单价</td>
            <td>数量</td>
        </tr>
        <tr>
            <td>1</td>
            <td>图书 1</td>
            <td>出版社 1</td>
            <td>29.00</td>
            <td>1</td>
```

```
        </tr>
        <tr>
            <td>2</td>
            <td>图书 2</td>
            <td>出版社 2</td>
            <td>38.00</td>
            <td>2</td>
        </tr>
    </table>
    </body>
    </html>
```

代码说明：本例利用<table>标签的 width 属性，将表格的宽度调整至浏览器窗口宽度的 95%，各列的宽度也将相应地进行调整。表格宽度的显示效果如图 9-2-1 所示。

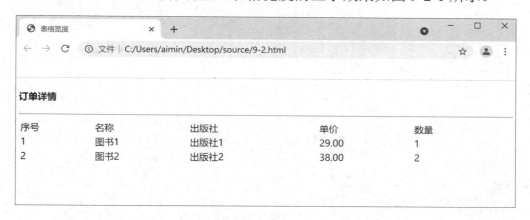

图 9-2-1　表格宽度的显示效果

上例调整了表格的宽度后，各单元格的宽度也相应做了调整，数据的展示更清晰了。

二、为单元格定义宽度

将 width 属性运用到<td>标签可以定义单元格的宽度，代码如下。

```
<td width="200">              /*定义单元格宽度为 200px*/
<td width="10%">              /*定义单元格宽度为表格宽度的 10%*/
```

【实例 9-3】定义单元格宽度示例。

本例在网页中创建 2 个表格，分别定义了固定列宽和百分比列宽，试比较在浏览器中不同的显示效果，代码如下。

```
<!DOCTYPE html>
<html lang="en">
<head>
    <meta charset="UTF-8" />
```

```html
    <title>单元格宽度</title>
</head>
<body>
    <h4>订单详情 - 固定列宽</h4>
    <hr>
    <table width="100%" >
        <tr>
          <td width="40">序号</td>
          <td width="393">名称</td>
          <td width="236">出版社</td>
          <td>单价</td>
          <td>数量</td>
        </tr>
        <tr>
          <td>1</td>
          <td>JavaScript 图书 1</td>
          <td>出版社 2</td>
          <td>29.00</td>
          <td>1</td>
        </tr>
        <tr>
          <td>2</td>
          <td>Python 图书 2</td>
          <td>出版社 2</td>
          <td>38.00</td>
          <td>2</td>
        </tr>
    </table>
    <h4>订单详情 - 百分比列宽</h4>
    <table width="100%" >
        <tr>
          <td width="5%">序号</td>
          <td width="50%">名称</td>
          <td width="30%">出版社</td>
          <td>单价</td>
          <td>数量</td>
        </tr>
        <tr>
          <td>1</td>
```

```
        <td>JavaScript 图书 1</td>
        <td>出版社 1</td>
        <td>29.00</td>
        <td>1</td>
      </tr>
      <tr>
        <td>2</td>
        <td>Pytho 图书 2</td>
        <td>出版社 2</td>
        <td>38.00</td>
        <td>2</td>
      </tr>
    </table>
  </body>
</html>
```

上例代码在浏览器中的显示效果如图 9-2-2 所示。

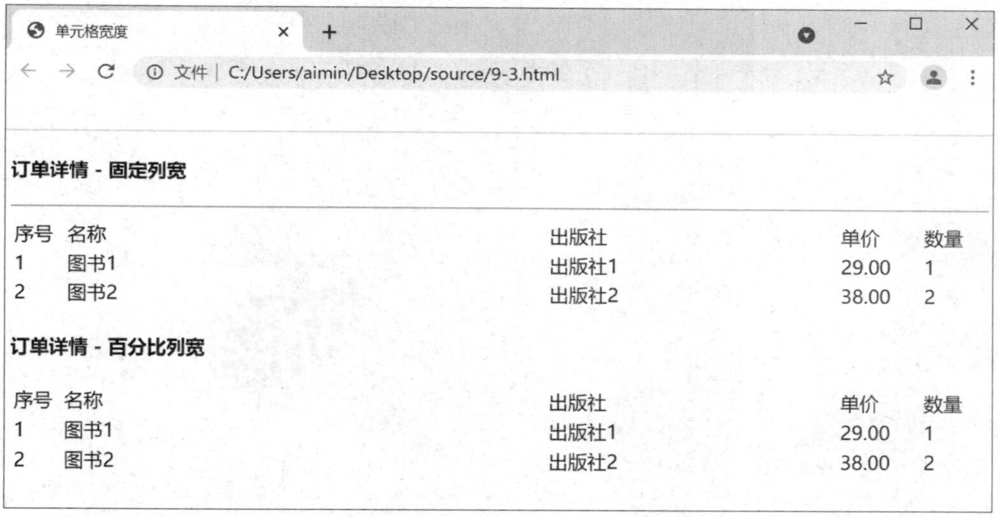

图 9-2-2　单元格宽度的显示效果

如图 9-2-2 所示，浏览器窗口的宽度为 800px，上例中 2 个表格在浏览器中的初始宽度一致。

对于第 1 个表格，由于它的单元格宽度采用了固定列宽，因此，各单元格的宽度不会随着浏览器窗口大小的变化而变换。而对于第 2 个表格，由于它的单元格宽度采用了百分比列宽，因此各单元格的宽度将随着浏览器窗口大小的变化作自动调整，其第 1、2、3 列将始终占表格宽度的 5%、50%、30%。读者可尝试调整浏览器窗口，查看相关单元格宽度的变化。

运用百分比的方式指定表格和单元格宽度的方法更为灵活，尤其适用于响应式网页设计。

9.2.2 边框

Border 属性和 bordercolor 属性分别用来定义表格边框线的宽度和颜色。

例如，将表格边框线的宽度定义为 5px、颜色定义为蓝色。

```
<table border="5" bordercolor="blue">
```

【实例 9-4】定义表格边框宽度和颜色的示例，代码如下。

```
<head>
    <meta charset="UTF-8" />
    <title>表格边框</title>
</head>
<body>
    <h4>订单详情</h4>
    <hr>
    <table width="100%" border="3" bordercolor="blue" >
        <tr>
            <td>序号</td>
            <td>名称</td>
            <td>出版社</td>
            <td>单价</td>
            <td>数量</td>
        </tr>
        <tr>
            <td>1</td>
            <td>图书 1</td>
            <td>出版社 1</td>
            <td>29.00</td>
            <td>1</td>
        </tr>
        <tr>
            <td>2</td>
            <td>图书 2</td>
            <td>出版社 2</td>
            <td>38.00</td>
            <td>2</td>
        </tr>
    </table>
```

代码说明：值得注意的是，border 属性只影响表格的外边框，对内边框无效。本书将在 9.4 节介绍利用 CSS 调整表格或单元格边框，以及其他元素样式的方法。

表格边框的显示效果如图 9-2-3 所示。

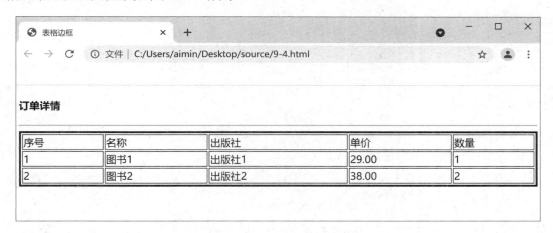

图 9-2-3　表格边框的显示效果

9.2.3　背景

运用 bgcolor 和 background 属性可以定义表格的背景色和背景图片，代码如下。

```
<table bgcolor="#FF4400">              /*定义表格的背景色*/
<table background="images/bg.jpg">     /*定义表格的背景图片*/
```

【实例 9-5】定义表格背景图片的示例，代码如下。

```
<h4>订单详情</h4>
<hr>
<table width="100%" border="3" background="images/leaf.gif">
    <tr>
        <td>序号</td>
        <td>名称</td>
        <td>出版社</td>
        <td>单价</td>
        <td>数量</td>
    </tr>
    <tr>
        <td>1</td>
        <td>图书 1</td>
        <td>出版社 1</td>
        <td>29.00</td>
        <td>1</td>
    </tr>
```

```
<tr>
    <td>2</td>
    <td>图书 2</td>
    <td>出版社 2</td>
    <td>38.00</td>
    <td>2</td>
</tr>
</table>
```

9.2.4 单元格的间距和内边距

cellspacing 属性和 cellpadding 属性用来定义单元格的间距和单元格的内边距。cellspacing 属性定义了单元格与单元格之间的距离；而 cellpadding 属性和盒模型中的 padding 属性相似，它定义了单元格内容与单元格边框的距离。

如图 9-2-4 和图 9-2-5 所示，展示了单元格的间距和单元格的内边距之间的区别。

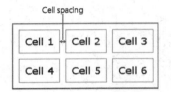

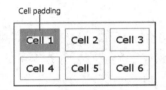

图 9-2-4 单元格的间距   图 9-2-5 单元格的内边距

【实例 9-6】定义单元格的间距和单元格的内边距的示例，代码如下。

```
<h4>订单详情</h4>
<table width="100%" border="3" cellspacing="20" cellpadding="5">
    <tr>
        <td>序号</td>
        <td>名称</td>
        <td>出版社</td>
        <td>单价</td>
        <td>数量</td>
    </tr>
    <tr>
        <td>1</td>
        <td>图书 1</td>
        <td>出版社 1</td>
        <td>29.00</td>
        <td>1</td>
```

```
        </tr>
        <tr>
            <td>2</td>
            <td>图书 2</td>
            <td>出版社 2</td>
            <td>38.00</td>
            <td>2</td>
        </tr>
    </table>
```

代码说明：上例中的粗体部分定义了表格的 cellspacing 为 20px、cellpadding 为 5px，单元格的间距和内边距的显示效果如图 9-2-6 所示。

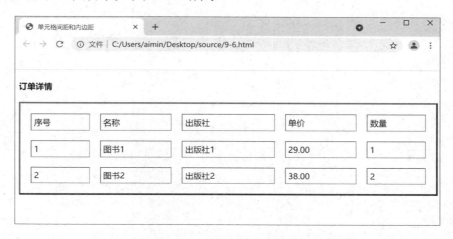

图 9-2-6　单元格的间距和内边距的显示效果

比较图 9-2-3 与图 9-2-6，并找出 cellspacing 属性和 cellpadding 属性在表格中的具体应用。

9.2.5　合并单元格

先前所讲述的表格，对于行中的每个单元格均具有相同的高度，并且列中的每个单元格也都具有相同的宽度。采用合并两个或多个相邻的单元格，使一个单元格跨越多个行或列，以使表格中的单元格具有不同的高度和宽度。

要合并单元格右侧的相邻单元格，可以使用 colspan 属性，且能指定要跨越的列数。

例如，横向合并相邻的 3 个单元格，代码如下。

```
<td colspan="3">
```

要合并单元格下方的相邻单元格，可以使用 rowspan 属性，且能指定要跨越的行数。代码如下。

```
<td rowspan="2">
```

代码说明：纵向合并单元格两个单元格。

【**实例9-7**】合并单元格的示例，代码如下。

```html
<!DOCTYPE html>
<html lang="en">
<head>
    <meta charset="UTF-8"/>
    <title>合并单元格</title>
</head>
<body>
<table border="1">
    <tr>
        <td width="500" colspan="2" rowspan="2">旅游目的地调查结果</td>
        <td colspan="2">年龄</td>
    </tr>
    <tr>
        <td>男</td>
        <td>女</td>
    </tr>
    <tr>
        <td rowspan="3">旅游目的地</td>
        <td>北京</td>
        <td>55%</td>
        <td>45%</td>
    </tr>
    <tr>
        <td>上海</td>
        <td>60%</td>
        <td>40%</td>
    </tr>
    <tr>
        <td>浙江</td>
        <td>45%</td>
        <td>55%</td>
    </tr>
</table>
</body>
</html>
```

代码说明：上例演示了合并行、合并列的方法。第一段代码实现了在单元格右侧和下方均合并了两个单元格；第二段代码实现了纵向合并了3个单元格。合并单元格的显示效果如图9-2-7所示。

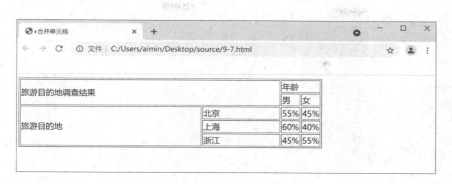

图 9-2-7 合并单元格的显示效果

9.3 表格相关标签

　　早期，运用表格的相关标签和属性可以定义表格的结构和样式。例如，为了描述表格的结构，可以分别运用<thead>、<tbody>、<tfoot>、<caption>等标签来描述表头、主体、表尾、标题等部分；运用 align、bgcolor 等属性设置表格样式。

　　由于 CSS 标准的不断更新，CSS 可以更灵活地定义表格样式，所以上述标签和属性已经不再推荐使用。下面运用实例 9-8 简要介绍上述标签的使用方法。

　　【实例 9-8】<thead>标签、<tbody>标签、<tfoot>标签、<caption>标签的应用示例，代码如下。

```
<table width="100%" border="1">
    <caption>订单详情</caption>
    <thead align="center" bgcolor="#EEEEEE">
    <tr>
        <td>序号</td>
        <td>名称</td>
        <td>出版社</td>
        <td>单价</td>
        <td>数量</td>
    </tr>
    </thead>
    <tbody>
    <tr>
        <td>1</td>
        <td>图书1</td>
        <td>出版社1</td>
        <td>29.00</td>
```

```
        <td>1</td>
    </tr>
    <tr>
        <td>2</td>
        <td>图书 2</td>
        <td>出版社 2</td>
        <td>38.00</td>
        <td>2</td>
    </tr>
    </tbody>
    <tfoot bgcolor="grey" align="right">
    <tr>
        <td>小计</td>
        <td colspan="3"></td>
        <td>3</td>
    </tr>
    </tfoot>
</table>
```

表格其他标签的显示效果如图 9-3-1 所示。

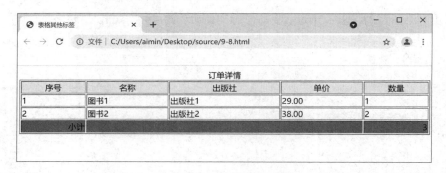

图 9-3-1　表格其他标签的显示效果

9.4 ● ● ● CSS 与表格

前面介绍了利用 HTML 创建表格和利用 HTML 属性格式化表格的方法，但是这两种方法在灵活性和外观方面存在一定的欠缺。

当前，使用 CSS 来格式化表格及其内部的元素是最灵活、最有效的方法，也是主流的技术。在大多数网站的设计开发中应该首选 CSS，并且随着 CSS 技术的不断革新，必将逐步淘汰陈旧的格式化方法。

9.4.1　边框

严格地讲，表格没有边框不能称为表格。边框可以起到分隔单元格的作用，使得表格数据清晰明了。

本书在"6.2.4　边框：border"中介绍了利用 border-width、border-color、border-style 属性定义盒子边框的方法，这些方法同样适用于定义表格和单元格的边框。

表格中具有边框属性的元素有表格和单元格。其中，表格边框针对表格的外围框线，单元格边框针对单元格本身。

例如，定义表格外围框线为实线，代码如下。

```
<table style="border-style:solid">
```

又如，定义单元格的边框样式，代码如下。

```
<table>
    <tr>
        <td style="border-width:3px">cell 1</td>
        <td>cell 2</td>
    <tr>
</table>
```

代码说明：上例黑体部分代码使用了内联样式定义单元格的边框，它对其他单元格是无效的。在定义 CSS 的时候，需要区别<table>标签和<td>标签定义的边框。值得注意的是，边框属性对于<tr>标签是没有意义的。

9.4.2　文字颜色、背景颜色和背景图像

表格、行、单元格是不同的区域，可以分别为它们定义个性化的样式。例如，将颜色应用于标题，或者调整表格奇偶行的背景颜色，甚至可以为表格整体设置背景图像等，这样有利于浏览者直观地跟踪、查阅数据。

background-color 属性定义了表格的背景颜色；color 属性定义了表格中的文字颜色；background-image 属性定义了表格的背景图像。

例如，为行设置文字颜色和背景颜色，代码如下。

```
<tr style="color:white;background-color:gray">
    <td>1</td>
    <td>名称</td>
    <td>出版社</td>
</tr>
```

又如，为表格设置背景颜色，代码如下。

```
<table style="background-color:palegreen"></table>
```

再如，为表格设置背景图像，代码如下。

```
<table style="background-image:url(images/bg.jpg)"></table>
```

代码说明：需要注意的是，如果同时设置了<table>、<tr>、<td>标签的样式，则应用这些样式的先后关系是：首先将<table>标签中定义的样式运用到表格和所有单元格，然后再依次利用<tr>标签、<td>标签定义的样式覆盖之前的样式。

9.4.3　间距、内边距和对齐方式

前面介绍了利用 HTML 的 cellspace 属性和 cellpadding 属性定义了单元格的间距和单元格的内边距的方法，下面介绍利用 CSS 的 border-spacing 属性和 padding 属性定义单元格的间距和单元格的内边距。

单元格的间距和内边距看上去似乎有点相似，但是必须严格予以区分。前者是 HTML 的标签属性，后者是 CSS 的属性，切勿张冠李戴。

例如，定义单元格的内边距为3px，间距为5px，代码如下。

```
<table style="padding:3px;border-spacing:5px;">
```

例如，定义文本在单元格内水平居中，代码如下。

```
<td style="text-align:center">
```

9.4.4　综合实例

【实例 9-9】利用 CSS 格式化表格。

本例综合演示了利用 CSS 为表格定义边框、文本样式、背景颜色、单元格间距、单元格内边距的方法，主要定义了如下样式。

- 表格无外框线，宽度为浏览器窗口的 90%。
- 根据表格的结构定义了 tabletitle、tablehead、tablebody、tablefoot 这 4 个类选择器，以及相关的控制表格内文本格式的样式。
- 运用包含选择器 tabletitle td、tablehead td、tablebody td、tablefoot td 定义了表格各部分单元格的边框线，代码如下。

```
<table>
  <tr class="tabletitle">
    <td colspan="4" style=""><b>订单详情:</b></td>
  </tr>
  <tr class="tablehead">
    <td >序号</td>
```

```
        <td width="40%">名称</td>
        <td width="30%">出版社</td>
        <td class="center">单价</td>
        <td class="center">数量</td>
    </tr>
    <tr class="tablebody" style="background-color:palegreen">
        <td >1</td>
        <td>图书 1</td>
        <td>出版社 1</td>
        <td class="center">29.00</td>
        <td class="center">1</td>
    </tr>
    <tr class="tablebody">
        <td >2</td>
        <td>图书 2</td>
        <td>出版社 2</td>
        <td class="center">38.00</td>
        <td class="center">2</td>
    </tr>
    <tr class="tablebody" style="background-color:palegreen">
        <td >3</td>
        <td>图书 3</td>
        <td>出版社 3</td>
        <td class="center">23.00</td>
        <td class="center">1</td>
    </tr>
    <tr class="tablebody">
        <td >4</td>
        <td>图书 4</td>
        <td>出版社 4</td>
        <td class="center">36.00</td>
        <td class="center">1</td>
    </tr>
    <tr class="tablefoot" style="color:white;background-color:grey">
        <td colspan="4">小计</td>
        <td class="center">5</td>
    </tr>
</table>
```

利用 CSS 格式化表格的效果如图 9-4-1 所示。

图 9-4-1　利用 CSS 格式化表格的效果

9.5 ••• 练习题

一、填空题

1. _____标签在网页内添加表格；_____标签定义表格中的行；<tr>标签内可以定义一个或多个单元格，单元格使用_____标签定义。

2. 合并横向 2 个单元格的代码是_____，纵向合并 3 个单元格的代码是_____。

3. 运用 CSS 的_____可以设置单元格内边距，利用_____可以调整单元格间距。

二、操作题

运用 CSS 编写的表格如图 9-5-1 所示。

Shopping Bag			
Item #	**Product Name**	**Price**	**Stock?**
GA64093148	Sampson & Company All-Natural Pesticide	$18.69	No
GA54899187	Sampson & Company All-Natural Herbicide	$31.60	Yes
GA54309295	Vickers and Vickers Fertilizer Sticks	$5.98	No
GA54851170	Appleton Acres Big Sack of Bulbs, Tulips	$21.50	Yes
GA84857811	Fdienf Cres Big lack of Culbs, Mils	$18.50	Yes
CH12548577	Create-Your-Own Paving Stones Kit	$36.88	Yes
GA35449872	Appleton Acres Big Sack of Bulbs, Hyacinths	$122.50	Yes
GA90548573	Acres Citg aickck of Bulbs, Crocuses	$32.50	Yes
GA85453902	Fackson and Perkins Climbing Rosebushes	$63.90	Yes

Note: Please contact our stre abior specl sale prices fore def ise items.

图 9-5-1　运用 CSS 编写的表格

第**10**章

表 单

到目前为止，本书介绍的内容均是如何将信息有效地传达给网页浏览者，本章介绍如何从浏览者那里获取信息。

通过"创建电子邮件超链接"的方式可以从客户邮件中获取信息，但是这些信息不是结构化的，故无法精确提取有价值的信息。表单是当前获取信息的主要渠道。例如，电子商务类网站会通过网页收集客户信息，通过对信息的综合处理决定营销手段。

用户登录是最基本的表单，用户信息经 Web 服务端验证通过后进入用户主页。服务端程序负责侦听表单提交事件，并处理用户提交的信息。有很多服务端编程语言，如 PHP、Python、Java 等，但这些内容不在本书的讨论范围之内，读者可以查找相关资料获取帮助。

本章首先介绍创建表单的方法，然后对表单元素：文本框，选项按钮，复选框、下拉列表、文本区域等表单字段的使用方法进行说明，最后结合实例介绍运用 CSS 格式化表单的技术。

10.1 ••• 创建表单

表单可以放置在 HTML 文档的<body>标签中的任何位置，有些 Web 前端开发人员喜欢使用表格来组织表单元素，有些习惯在普通的段落中创建表单字段，本章结尾将介绍运用无序列表组织表单的方法。

创建表单的代码如下。

```
<form method="post" action="URL">
    表单字段
    表单字段
</form>
```

代码说明：表单包含在<form></form>标签中，它有两个基本部分：一个基本部分是表单的提交方式 method 及表单处理程序的 URL；另一个基本部分是表单字段，如文本输入框、选择框、复选框、下拉菜单和单选按钮，以及用于触发表单数据提交服务器的提交按钮。

【实例 10-1】创建表单示例，代码如下。

```
<div id="wrapper">
    <form method="post" action="regist.php">
    </form>
</div>
```

代码说明：这段代码实现了在网页中创建空表单。粗体部分的代码是表单的基本结构，该表单未包含任何元素，浏览器窗口将不显示任何内容。

表单提交类型有两种：post 和 get，要根据一定的依据进行选择。post 方式向服务器发送的表单信息不会显示在浏览器地址栏中，在数据库中保存、添加和删除数据时 post 是正确的选择。如果使用 get，则表单数据将在浏览器的地址栏中显示，包括显示密码。

10.2 ••• 表单元素

构造表单元素类似于创建网页的其他元素，这些元素包括：文本框、密码框、单选按钮、复选框、列表、文本区域，甚至图像等。

表单中的每个元素必须具有唯一的名称，运用 name 属性或者 id 属性定义，元素的名称用于在客户端或者服务端标识数据；利用 id 属性可以为元素关联 CSS 样式。

例如，为表单元素命名可以使用 name 属性或者 id 属性，代码如下。

```
<input type="text" name="userName">
<input type="text" id="userName">
```

表单元素应用 CSS 样式，应指定 class 属性或 id 属性，代码如下。

```
.userName{
    background-color:gray;
    font-weight:bold;
}
#loginSubmit{
    width:100px;
    height:30px;
    background-image:url(images/btnOk.png);
}

<input type="text" name="userName" class="userName">
<input type="submit" id=" loginSubmit" value="Submit">
```

代码说明：上例定义了名为 **userName** 的 class 选择器和名为 **loginSubmit** 的 id 选择器，分别运用于表单中的文本框和提交按钮。

10.3 ••• 输入控件

\<input\>标签是表单中最常用的标签，常见的文本输入框、单选按钮、提交按钮等均使用该标签定义。

例如，用下面的代码创建一个密码输入框。

```
<input type="password" id="password" >
```

代码说明：上例中 type 属性值为 password，即为密码框。type 属性值及描述见表 10-1。

表 10-1 type 属性值及描述

属性值	描述
button	定义可单击的按钮
checkbox	定义复选框
color	定义拾色器
date	定义 date 控件（包括年、月、日，不包括时间）
datetime	定义 date 和 time 控件（包括年、月、日、时、分、秒、几分之一秒，基于 UTC 时区）
datetime-local	定义 date 和 time 控件（包括年、月、日、时、分、秒、几分之一秒，不带时区）
email	定义用于 E-mail 地址的字段
file	定义文件选择字段和"浏览..."按钮，供文件上传
hidden	定义隐藏输入字段
image	定义图像作为提交按钮
month	定义 month 和 year 控件（不带时区）
number	定义用于输入数字的字段
password	定义密码字段（字段中的字符会被遮蔽）
radio	定义单选按钮
range	定义用于精确值不重要的输入数字的控件（如 slider 控件）
reset	定义重置按钮（重置所有的表单值为默认值）
search	定义用于输入搜索字符串的文本字段
submit	定义提交按钮

属性	描述
tel	定义用于输入电话号码的字段
text	定义一个单行的文本字段（默认宽度为 20 个字符）
time	定义用于输入时间的控件（不带时区）
url	定义用于输入 URL 的字段
week	定义 week 和 year 控件（不带时区）

10.3.1　文本框

表单中最基本的输入控件是文本框，用于输入文本信息，如用户账号、地址、备注等，它有两种类型：单行文本框和文本区域。这里先介绍单行文本框，文本区域在后续章节中介绍。

例如，创建一个文本框，代码如下。

```
<input type="text" name="user">
```

代码说明：type 属性的 text 属性值确定了输入控件是一个文本框。

例如，浏览器使用默认的宽度显示文本框，size 属性可以调整其宽度，代码如下。

```
<input type="text" name="user" size="20">
```

代码说明：size 属性只负责控制文本框的宽度。

例如，控制输入文本的最大长度可以使用 maxlength 属性，代码如下。

```
<input type="text" name="user" size="10" maxlength="20">
```

代码说明：上例定义了文本长度为 20 个字符，超出长度的文本将被截取。

例如，若文本框是必填字段，可以添加 required 属性，代码如下。

```
<input type="text" name="user" required>
```

代码说明：若为文本框添加了 required 属性，则表单在提交之前将验证该文本框中是否已经输入了文本，如果未输入将显示错误信息。文本框添加了 required 属性的显示效果如图 10-3-1 所示。

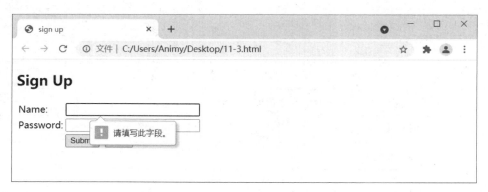

图 10-3-1　文本框添加了 required 属性的显示效果

电子邮件、电话号码及 URL 输入框是 HTML5 新增的标签，它们拥有特殊的功能，能够对输入的文本格式作验证，以符合电子邮件、电话号码、URL 的格式规范。

例如，在文本框中输入了错误的格式，则表单提交时也会显示错误信息，代码如下。

```
<input type="email" name="email">
<input type="tel" name="tel">
<input type="url" name="url">
```

10.3.2　密码框

密码框和文本框相似，唯一区别是密码框中键入的文本都会被星号或其他符号替代，具体的符号类型取决于浏览器和操作系统。

例如，在网页中定义一个密码框，代码如下。

```
<input type="password" name="password">
```

10.3.3　提交和重置按钮

提交按钮用于将表单中填写的信息发送到 Web 服务器，重置按钮用于清除表单中所有元素的数据，返回初始化状态。

将<input>标签的 type 属性值定义为 submit 可构造一个提交按钮，将 type 属性值定义为 reset 则创建一个重置按钮。

例如，value 属性用于定义按钮上显示的文本，代码如下。

```
<input type="submit" value="submit">
<input type="reset" value="clear">
```

10.3.4　单选按钮和复选框

运用单选按钮和复选框可以选中和勾选相关的选项，可以获得一致的易于评估的结果，也能简化用户输入。例如，收集用户学历、工作状态、兴趣、爱好等信息。

定义单选按钮可以将<input>标签的 type 属性值定义为 radio；将 type 属性值定义为 checkbox 也可以直接定义复选框。两者的主要区别是，单选按钮只能在一组选项中勾选一个，而复选框可以在一组选项中勾选一个或多个选项。

例如，定义单选按钮，代码如下。

```
<input type="radio" name="gender_male" value="female">
```

又如，定义复选框，代码如下。

```
<input type="checkbox" name="gender_male" value="fishing">
```

例如，在<input>标签中添加 checked 属性，可以使选项处于选中状态，代码如下。

```
<input type="checkbox" name="gender_male" value="fishing" checked>
```

10.4 ••• 列表：select

单选按钮和复选框适合回答诸如"是"或"否"这类问题，适合选项不多的场合，但是如果有十几个或更多选项，那么选项的按钮无疑会占用浏览器窗口的大量空间。

列表适合在一组选项中选择某个选项，通常显示为下拉列表，列表项在很多时候带有滚动条。<select>标签用于创建列表，列表项放在<option></option>标签中。例如，创建列表并添加了 3 个列表项，代码如下。

```
<select name="city">
    <option>beijing</option>
    <option>tianjing</option>
    <option>shanghai</option>
</select>
```

代码说明：为<option>标签添加 selected 属性可以为列表定义默认值。

例如，指定列表项的默认值为 TianJing，代码如下。

```
<select name="city">
    <option>BeiJing</option>
    <option selected>TianJing</option>
    <option>ShangHai</option>
    <option>zhejiang</option>
    <option>jiangsu</option>
</select>
```

【实例 10-2】创建表单的示例。

本例演示创建了一个基本的注册表单，其中包括文本输入框、密码框、单选按钮、复选框、列表，以及提交和重置按钮。运用 required、checked、selected 等属性定义了必填字段，为单选、复选框及列表指定了默认值，代码如下。

```
<div id="signup">
    <h2>Sign Up</h2>
    <form method="post" action="regist.php">
        <table>
            <tr>
                <td>Name:</td>
                <td><input type="text" name="name" size="30" required></td>
```

```
    </tr>
    <tr>
        <td>Password:</td>
        <td><input type="password" name="password" size="30" required>
        </td>
    </tr>

    <tr>
        <td>sex</td>
        <td>
            <input type="radio" name="gender_male" checked>male
            <input type="radio" name="gender_male" >female
        </td>
    </tr>
    <tr>
        <td>like</td>
        <td>
            <input type="checkbox" name="fish" checked>fish
            <input type="checkbox" name="film">film
            <input type="checkbox" name="book" checked>book
            <input type="checkbox" name="game">game
        </td>
    </tr>

    <tr>
        <td>city</td>
        <td>
            <select name="city">
                <option>Beijing</option>
                <option selected>TianJing</option>
                <option>ShangHai</option>
                <option>ZheJiang</option>
                <option>JiangSu</option>
            </select>
        </td>
    </tr>
    <tr>
        <td></td>
```

```
                    <td>
                        <input type="submit" value="Submit"> 
                        <input type="reset" value="Clear"></td>
                </tr>
            </table>
        </form>
</div>
```

运用表格组织表单字段是先前常用的方法，这种方法可以使表单元素工整地排列，缺点是嵌套较多，增加了代码的复杂度。本章将在 10.6 节中介绍运用列表实现表单元素布局的方法。

尝试将上例代码中的 method 属性值修改为 get，然后刷新网页。填写 name 和 password 后单击 submit 按钮，试观察浏览器地址栏中的 URL。

需要注意的是，密码框应该仅利用符号代替输入的密码，以防他人偷窥。表单提交时，浏览器不会对数据作加密处理。

由于源代码包含表单处理脚本 regist.php，所以单击 submit 按钮提交表单时浏览器将提示出错信息。

创建表单的显示效果如图 10-4-1 所示。

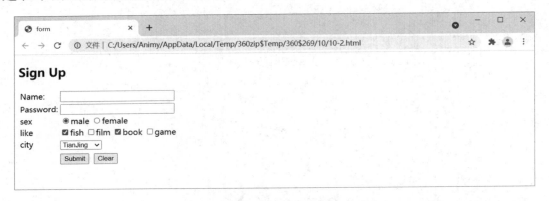

图 10-4-1　创建表单的显示效果

10.5 ••• 文本区域：textarea

如果要为浏览者提供更多的输入空间，如填写问题或评论，则使用文本区域<textarea>标签，它可以在表单中添加文本区域，使用 rows 属性可以初始化文本区域的行数。

例如，定义一个 5 行文本区域，代码如下。

```
<textarea name="comments" rows=5></textarea>
```

代码说明：上例中的文本区域能够容纳 5 行文本，当超出 5 行时，它的右侧将出现滚动条，拖动滚动条可以上下移动文本。

例如，cols 属性用于指定文本区域中的每行能够容纳的字符数，代码如下。

```
<textarea name="comments" rows="5" cols="20"></textarea>
```

代码说明：值得注意的是，rows 属性和 cols 属性只会影响文本区域的大小，不能控制可以输入的最大字符数。限制用户输入的字符数，可以使用之前介绍的 maxlength 属性。

例如，在文本区域内可以放置初始文本，代码如下。

```
<textarea name="comments" rows="5" cols="20">textarea sample</textarea>
```

代码说明：上例中<textarea>标签和</textarea>标签内的文本"textarea sample"即是文本区域的初始文本。

【实例 10-3】创建文本区域的示例，代码如下。

```
<div id="signup">
<h4>textarea sample</h4>
<form method="post" action="regist.php">
    <table>
     <tr>
        <td>questions:</td>
        <td>
            <textarea name="question" rows="3" maxlength="30"></textarea>
        </td>
     </tr>
     <tr>
        <td>comments:</td>
        <td>
            <textarea name="comments" rows="3" cols="50">
                textarea sample
            </textarea>
        </td>
     </tr>
     <tr>
        <td>address:</td>
        <td><textarea name="address" rows="3" cols="50"></textarea></td>
     </tr>
    </table>
</form>
</div>
```

代码说明：上例指定了 question 文本区域可输入的文本字数，为 comment 文本区域定义了默认文本。创建文本区域的显示效果如图 10-5-1 所示。

图 10-5-1　创建文本区域的显示效果

10.6 ●●● CSS 与表单

表格布局是早期普遍采用的方法，但由于它缺乏灵活性及嵌套过多的原因，使阅读和维护都很麻烦。当前，利用<ul>、<li>、<label>标签组织表单元素是较为流行的方式，这种方式可以使得代码清晰、结构明了。

10.6.1　<label>标签

前面对<ul>标签和<li>标签已经进行了介绍，下面介绍<label>标签。

<label>标签用于在网页中显示文字。

例如，在网页中显示"用户名："，代码如下。

```
<label>用户名:</lable>
```

<label>标签通常和<input>标签一起使用，用于标注 input 元素，如文本框、密码框、列表等。

例如，利用<label>标签，在文本框前添加文字"用户名："，代码如下。

```
<ul>
    <li>
        <label>用户名:</label>
        <input type="text" id="userName" name="userName" />
    </li>
</ul>
```

10.6.2　分组标签

如果表单中包含大量信息，如用户注册时的账号、联系方式、个人爱好等，可以使用

<fieldset>标签对相关元素进行分组，这样能使访问者更直观地查看表单信息。代码如下。

```
<form method="post" action="regist.php">
    <fieldset>
        表单元素列表
    </fieldset>
    <fieldset>
        表单元素列表
    </fieldset>
</form>
```

<fieldset>标签的另一个功能是能为不同的分组运用 class 选择器或 id 选择器关联不同的 CSS 样式，从而呈现更加多元化的样式，代码如下。

```
.account{
    background-color:#FF33Ed
}
.contact{
    Background-color:gray;
}

<form method="post" action="regist.php">
    <fieldset class="account">
        表单元素列表
    </fieldset>
    <fieldset class="contact">
        表单元素列表
    </fieldset>
</form>
```

10.6.3　CSS 格式化表单

为<ul>、<li>、<label>等标签增加 id 或者 class 属性，指定 id 选择器或类选择器即可关联相关的 CSS，并控制表单的显示效果。

例如，定义表单结构，代码如下。

```
<form>
    <ul id="regist">
        <li>
            <label class="info" >用户名:</label>
            <input class="large" type="text" id="userName" name="userName" />
```

```
    </li>
  </ul>
</form>
```

定义 **CSS** 样式，代码如下。

```css
ul#regist {
    font-size:14px;
    list-style: none;
    margin: 12px;
    padding: 12px;
}
ul#regist li {
    margin: 0.5em 0;
}
label.info {
    display: inline-block;
    padding: 3px 6px;
    text-align: right;
    width: 150px;
}
.large{
    width:300px;
}
```

【实例 10-4】CSS 格式化表单的示例，代码如下。

```html
<link rel="stylesheet" href="css/default.css" />


<div id="wrapper">
    <form method="post" action="regist.php" enctype="multipart/form-data">
        <fieldset>
            <h2 class="account">基本信息</h2>
            <ul id="regist" >
                <li>
                    <label>用户名:</label>
                    <input type="text" id="userName" name="userName"
                            class="large"/>
                </li>
                <li>
                    <label for="email">电子邮件:</label>
                    <input type="email" id="email" name="email"
                            class="large" />
```

```
        </li>
        <li>
            <label for="password">密码: </label>
            <input type="password" id="password" name="password"
                    class="large"/>
        </li>
        <li>
            <label for="city">城市:</label>
            <select id="city" name="city">
                <option selected>BeiJing</option>
                <option>TianJing</option>
                <option>ShangHai</option>
            </select>
        </li>
    </ul>
    </fieldset>
    <fieldset>
        <input type="submit" class="signup" value="SignUp" />
    </fieldset>
    </form>
</div>
```

以上示例演示了利用列表组织表单元素，以及应用 CSS 控制表单样式的方法。

代码说明：网页中的所有元素均由最外层的容器 wrapper 包裹；利用<fieldset>标签将表单元素分为两组，第 1 组放置了用户基本信息，第 2 组放置了提交按钮。表单输入字段通过<ul>标签和<li>标签组织输入字段。CSS 定义了容器 wrapper、<fieldset>标签、表单输入字段，以及提交按钮等元素的样式。

CSS 格式化表单的显示效果如图 10-6-1 所示。

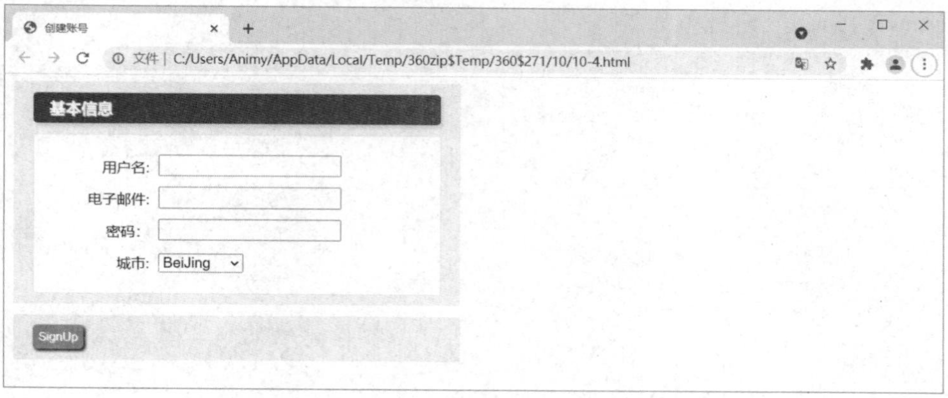

图 10-6-1　CSS 格式化表单的显示效果

229

CSS 代码对应的文件名为 default.css，可在源代码 css 文件夹中获取，代码如下。

```css
body {
    font-size: 100%;
    font-family: Arial, sans-serif;
}
#wrapper {
    width: 500px;
}
h2 {
    border-bottom:1px solid #d4d4d4;
    border-top:1px solid #d4d4d4;
    border-radius:5px;
    box-shadow:3px 3px 3px #ddd;
    text-shadow:#8FEEB9 1px 1px 1px;
}
fieldset {
    background-color:#f3f3f3;
    border: none;
    border-radius:2px;
    margin-bottom:12px;
    overflow: hidden;
}
ul#regist {
    background-color:#fff;
    border:1px solid #eaeaea;
    list-style:none;
    margin:12px;
    padding:12px;
}
ul#regist li {
    margin:0.6em 0;
}
ul#regist label {
    width:110px;
    display:inline-block;
    padding:3px 6px;
    text-align:right;
```

```
    vertical-align:top;
}
ul#regist input, select, button {
    font: inherit;
}
ul#regist select{
    margin-top:3px;
}
.signup {
    background-color:#DA920A;
    border:none;
    border-radius:5px;
    box-shadow:2px 2px 2px #333;
    cursor:pointer;
    color:#fff;
    margin:12px;
    padding:6px;
    text-shadow:1px 1px 0px #CCC;
}
```

10.7 ●●● 练习题

一、填空题

1. 一个表单由标签_____定义，表单中大多数元素由_____定义，根据该标签的_____属性值确定表单元素的类型。当 type 的属性值为 text 时是文本框；当 type 的属性值为_____时是提交按钮；当它的属性值为_____时是复选框；当 type 的属性值为 radio 时是单选框。

2. 利用_____属性可以调整文本框的宽度，运用_____属性可以控制文本长度。

3. 为单选框或者复选框设定默认值时需要运用_____属性。

二、操作题

分别利用<table>标签和<ul>标签实现表单的显示效果如图 10-7-1 所示。

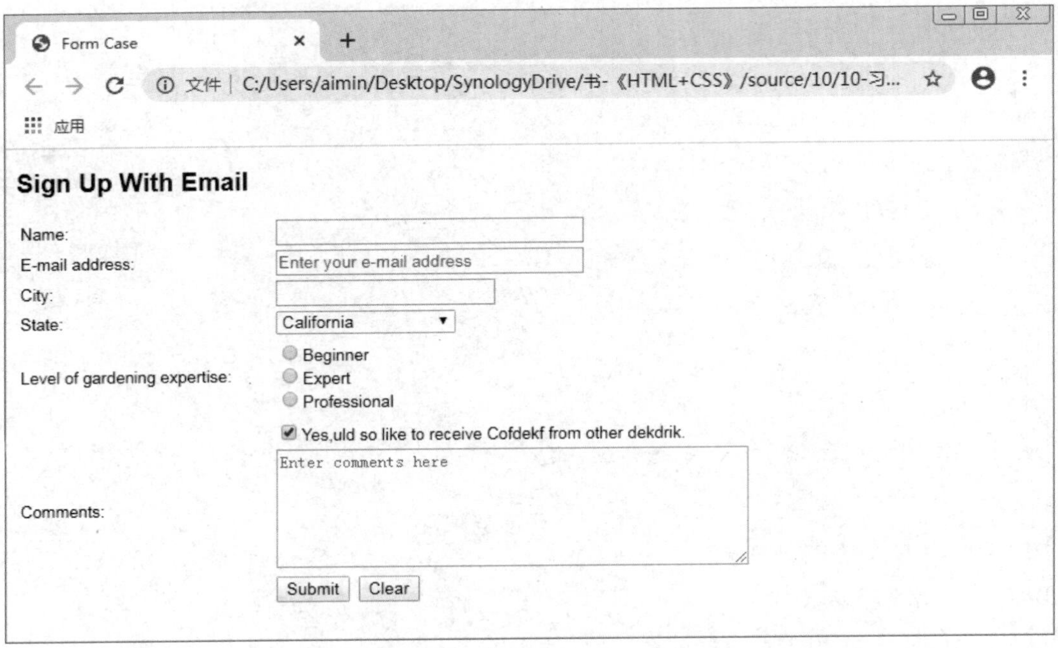

图 10-7-1　表单的显示效果

第 11 章

综合实例：构建博客首页

博客（Blog）是以网络作为载体，简易迅速便捷地发布博文，及时有效地与他人进行交流，集丰富多彩的个性化展示于一体的综合性平台。通过这个平台，很多博客提供了丰富多彩的模板或其他发布博文的个性化方案，使得不同的博客各具特色，深受大众的欢迎。

本书之前内容详细地介绍了 HTML 和 CSS 技术。本章通过设计一个博客（Blog）主页使读者巩固已经学过的各种技能，并将相关的技术运用到实际的 Web 前端开发中，从中掌握 Web 前端开发的基本思路及开发过程。

11.1 项目概述

博客的内容通常由帖子构成，这些帖子一般是按照年份和日期倒序排列的，帖子内容可以是时事新闻、技术帖子，也可以是体会心得等。

如图 11-1-1 所示为一个典型的博客网页。整个网页由 3 行组成，第一行和第三行分别是页眉和页脚，中间划分为左右两个区域。

11.2 设计分析

如图 11-1-1 所示，网页分为 4 个不同的功能区域，即顶部页眉 header 区域、底部页脚 footer 区域；网页的中间区域划分为左右两列，分别是左侧的文章区域 main 和右侧的侧边栏 sidebar。

网页顶部的 header 区域放置了网页的标题、搜索文本框和按钮、网站的导航栏；main 区域根据时间先后的顺序展示博文的列表，每个博文包含了标题、内容、发布时间等信息；footer 区域放置网站简介和友情链接等。

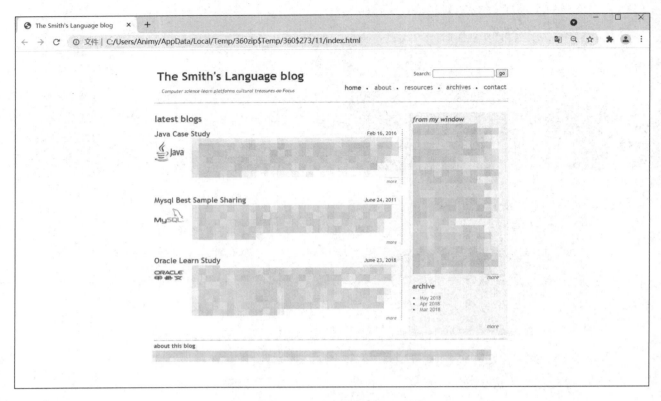

图 11-1-1　典型的博客网页

11.3 ●●● 网页设计

在 Web 前端开发初期，首先要根据网页的区域利用 HTML 搭建网页的基本结构，然后分析元素的相同样式并编写 CSS 初始化代码。

限于篇幅，本书的后续章节仅列出了具有代表性的 HTML 和 CSS 代码，完整的代码可在源代码文件夹中获取。

11.3.1　网页布局

通过对网页各区域分析后确定总体的网页布局，代码如下。

```html
<div id="container">          <!--顶层容器-->
    <header></header>          <!--一级层次，页眉-->
    <div id="main"></div>      <!--一级层次，帖子列表-->
    <div id="sidebar"></div>   <!--一级层次，右边栏-->
    <footer></footer>          <!--一级层次，页脚-->
</div>
```

代码说明：网页顶层容器是 wrapper，其在网页中居中对齐，中间放置了 4 个区域：其中，header 和 footer 为块级区域，它们各自占据单独的行。main 区域定义为向左浮动，sidebar 区域运用了相对定位的方式定位。

11.3.2　初始化 CSS

开始网页设计时，首先需要统一网页的风格。例如，统一网页中的文字、内边距和外边距、元素的边框、对齐方式、文字大小，以及超链接样式等。

CSS 初始化代码如下。

```css
html,body,div,span,h1,h2,h3,h4,h5,h6,p,pre,ol,ul,li,fieldset,form,
label,article,aside,footer,header,menu,nav,section,summary{
    margin:0;
    padding:0;
    border:0;
    font-size: 100%;
    font: inherit;
}
article,aside,details,figure,footer,header,menu,nav,section {
    display: block;
}
a {
    padding: .2em;
}
a:link {
    text-decoration: none;
    color: #807dbd;
}
a:visited {
    text-decoration: none;
    color: #807dbd;
}
a:hover,a:active {
    background: #f0EfD6;
    text-decoration: underline;
}
```

11.4 ●●● 页面实现

利用 HTML 构建网页框架时，应尽可能减少嵌套层数，使代码精炼且具备良好的结构。而使用必要的语义标签，是比较明智的做法。

11.4.1　header

如图 11-4-1 所示是博客网页的头部设计，该区域内包含粗体的标题文本和斜体的网站介绍文本，右侧区域包含搜索表单和网站的导航栏。

图 11-4-1　博客网页的头部设计

网页 header 区域的 HTML 代码如下。

```
<header id="head" class="clearfix">
    <p class="logo">
        <a href="/">The Smith's Language blog
            <span>Computer science learn pl </span>
        </a>
    </p>
    <div class="right">
    <form method="post">
        <label for="search">Search:</label>
        <input type="text" name="search" id="search" maxlength="60"/>
        <input type="submit" value="go" title="Search"/>
    </form>
    <ul class="nav">
        <li><a href="#" class="current">home</a></li>
        <li><a href="#">about</a></li>
        <li><a href="#">resources</a></li>
        <li><a href="#">archives</a></li>
        <li><a href="#">contact</a></li>
    </ul>
    </div>
</header>
```

代码说明：头部区域内的<p>标签采用了默认的定位方式；为了便于对元素的控制，利用<div>将导航栏及搜索表单包裹起来，该区域采用了浮动定位的方式，其中的导航栏采用了默认定位方式，搜索栏采用了绝对定位的方式相对于其父容器<div>标签进行定位。

网页 header 区域对应的 CSS 代码如下。

```css
#head {
    padding-bottom: 10px;
    border-bottom: 2px dotted #1d3d76;
    margin-bottom: 15px;
}
#head .right{
    float:left;
    position:relative;
}
#head form {
    position:absolute;
    top:7px;
    right: 0;
}
.logo,.nav,#head form {
    text-align: center;
}
.logo {
    font-size: 1.75em;
    margin: 0;
    padding: 0.1em 0.2em;
}
.logo span {
    color: #2d3c56;
    display: block;
    font-size: 0.5em;
    font-style: italic;
    font-weight: normal;
}
.nav {
    margin: 15px 0 9px;
}
.nav li {
    display: inline;
    font-size: .7em;
}
```

```
.nav li a {
    font-size: 1.5em;
  }
```

11.4.2 footer

<footer>标签处于网页的底端，一般放置友情链接、联系方式等元素。本例中 footer 区域内的元素较为简单，包括<h1>标签及段落<p>标签，并在段落中添加了超链接。

网页 footer 区域的 HTML 代码如下。

```
<footer id="footer" role="contentinfo">
    <h1>about this blog</h1>
    <p>This blog is the space for beginners.
        <small>To view a copy of this license, visit
            <a href="#" >http://www.hxedu.com.cn/Resource/OS/AR/zz/zzp/
201902797/4.html</a>;
        </small>
    </p>
</footer>
```

网页 footer 区域对应的 CSS 代码如下。

```
#footer h1 {
    font-size: 1em;
    margin-bottom: .25em;
    padding-top: .25em;
}
#footer p {
    font-size: .6875em;
}
```

11.4.3 main

main 区域是网页的主要区域，内部放置了标题文本、运用<section>标签组织的文章列表等元素，它被设计为向左浮动。其 HTML 代码如下。

```
<div id="main">
    <h1>Latest Blogs</h1>                <!--标题-->
    <section class="art">                <!--文章-->
        ……
    </section>
</div>
```

代码说明：网页 main 区域中放置了标题，<section>标签内放置文章。文章区域又划分为 3 个区，<header>标签下的区域放置文章的标题和发布时间；<p>标签下的区域放置文章的图像超链接；intro 标签下的区域放置文章的简介和 more 超链接。

网页 main 区域对应的 HTML 代码如下。

```
<section class="art">
    <header>
        <h2>Java Case Study</h2>
        <p class="date">
            <time datetime="2011-06-26">Feb 16, 2016</time>
        </p>
    </header>
    <p class="pic">
        <a href=""><img src=" images/java.png"/></a>
    </p>
    <div class="intro">
        <p>Avenue in the Band Site Fil Srada Uamília </p>
        <p class="continued"><a href="#">more</a></p>
    </div>
</section>
```

网页 main 区域对应的 CSS 代码如下。

```
.art {
    margin: 0.5em 2em 0;
}
.art h2 {
    font-size: 1em;
    line-height: 1;
}
.art .date {
    line-height: 1;
    margin: 8px 0 6px;
    padding: 0;
}
.pic {
    height: 75px;
    width: 100px;
}
a img{
    width:80px;
}
.more {
```

```
        font-style: italic;
        font-weight: bold;
        font-size: .85em;
    }
```

11.4.4 sidebar

Sidebar 区域是网页的侧边栏，运用语义标签<aside>组织边栏中的信息是普遍的做法。本例中分别为标题和段落定义两个<aside>标签，分别是 feature 和 archive，在各<aside>标签内组织标题、段落以及列表等元素。

网页 Sidebar 区域对应的 HTML 代码如下。

```html
<div id="related" class="sidebar">
    <aside class="feature">
        <h2>My Blog Intro</h2>
        <p>Around the corner from our apartment</p>
        <p>I signed up. It's a 22 hour workshop</p>
    </aside>
    <aside class="archive">
        <nav role="navigation">
            <h2>Archive</h2>
            <ol>
                <li><a href="">May 2018</a></li>
                <li><a href="">Apr 2018</a></li>
                <li><a href="">Mar 2018</a></li>
            </ol>
            <p class="continued"><a href="">more</a></p>
        </nav>
    </aside>
</div>
```

网页 Sidebar 区域对应的 CSS 代码如下。

```css
#related {
    margin-left: 72%;
}
.sidebar {
    background: #E3E3E3;
    padding: 10px;
}
.feature {
    font-style: italic;
}
```